本专著由华北水利水电大学高层次人才科研启动项目资助

装配式建筑结构设计理论与施工技术新探

曾桂香 唐克东 著

中国水利水电出版社
www.waterpub.com.cn
·北京·

内 容 提 要

　　本书从混凝土装配式建筑的发展现状、技术特点入手,结合国际先进技术和国内的发展状况,根据装配式建筑在实际施工中的应用范围,分别从装配式混凝土建筑、装配式钢结构建筑角度出发,全面系统地阐述了装配式混凝土结构和装配式钢结构的材料特点、设计原则、制作要点、施工工艺流程以及现场施工管理,并对涉及建筑安全性能的分项工程、装配式结构防腐和防火施工进行了讲解,涵盖国内外装配式建筑领域的最新理论与实践。

图书在版编目(ＣＩＰ)数据

装配式建筑结构设计理论与施工技术新探 / 曾桂香,
唐克东著. -- 北京 : 中国水利水电出版社, 2018.3(2022.9重印)
ISBN 978-7-5170-6301-8

Ⅰ. ①装… Ⅱ. ①曾… ②唐… Ⅲ. ①建筑结构-结
构设计②建筑结构-工程施工 Ⅳ. ①TU318②TU74

中国版本图书馆CIP数据核字(2018)第018783号

责任编辑:陈 洁　　封面设计:王 伟

书　　名	装配式建筑结构设计理论与施工技术新探 ZHUANGPEISHI JIANZHU JIEGOU SHEJI LILUN YU SHIGONG JISHU XINTAN
作　　者	曾桂香　唐克东　著
出版发行	中国水利水电出版社 (北京市海淀区玉渊潭南路1号D座 100038) 网址:www.waterpub.com.cn E-mail:mchannel@263.net(万水) 　　　　sales@mwr.gov.cn 电话:(010)68545888(营销中心)、82562819(万水)
经　　售	全国各地新华书店和相关出版物销售网点
排　　版	北京万水电子信息有限公司
印　　刷	天津光之彩印刷有限公司
规　　格	170mm×240mm　16开本　13.5印张　224千字
版　　次	2018年3月第1版　2022年9月第2次印刷
印　　数	2001-3001册
定　　价	54.00元

前　言

随着我国经济社会发展的转型升级，特别是城镇化战略的加速推进，建筑业在改善人民居住环境、提升生活质量中的地位更加凸显。但遗憾的是，目前我国传统"粗放"的建造模式仍较普遍，一方面，生态环境严重破坏，资源能源低效利用；另一方面，建筑安全事故高发，建筑质量亦难以保障。因此，传统的工程建设模式亟待转型。

当前，全国各级建设主管部门和相关建设企业正在全面认真贯彻落实中央城镇化工作会议与中央城市工作会议的各项部署。大力发展装配式建筑是绿色、循环与低碳发展的必然要求，是提高绿色建筑和节能建筑建造水平的重要手段，不但体现了"创新、协调、绿色、开放、共享"的发展理念，更是大力推进建设领域"供给侧结构性改革"培育新兴产业、实现我国新型城镇化建设模式转变的重要途径。国内外的实践表明，装配式建筑优点显著，代表了当代先进建造技术的发展趋势，有利于提高生产效率、改善施工安全和工程质量，有利于提高建筑综合品质和性能，有利于减少用工、缩短工期、减少资源能源消耗、降低建筑垃圾和扬尘等。当前我国大力发展装配式建筑正当其时。

装配式建筑是建造方式的革新，是建筑业突破传统生产方式局限、生产方式变革、产业转型升级、新型城镇化建设的迫切需要。大力发展装配式建筑，是建设领域推进生态文明建设，贯彻落实绿色循环低碳发展理念的重要要求，是稳增长、调结构、转方式和供给侧结构性改革的重要举措，也是提高绿色建筑和节能建筑建造水平的重要途径。装配式建筑的发展将对我国建设领域的可持续发展产生革命性、根本性和全局性的影响。

本著作由华北水利水电大学教授曾桂香做总体设计，并统揽了全稿的审稿、定稿工作。全书由曾桂香、唐克东共同撰写完成，具体分工如下：

第一章、第三章、第四章、第五章、第六章：曾桂香；

第二章：唐克东。

本书尽管收集了大量资料，并汲取了多方面研究的精华，但由于时间仓促和能力所限，书中内容难免存在疏漏之处，特别是对有些专业方面情况的研究还不够全面深入，对有些统计数据和资料掌握也不够及时完整，恐难以准确客观反映国内外装配式建筑发展的全貌，这需要在今后工作中继续补充完善，也欢迎大家提出宝贵意见和建议。

作　者

2017 年 6 月

目 录

第一章　装配式建筑发展历程与现状分析

建筑是人们日常生活及活动的空间，平时随意可见的建筑工地上，建筑管理者和建筑工人正忙着修建"房子"——建筑物。在传统的观念中，建筑是在工地上建造起来的。随着建筑业的转型升级和建筑产业现代化发展的需要，人们必须要转变对建筑生产的认识，建筑可以从工厂中生产（制造）出来。这就是集成化建筑——装配式建筑。

第一节　装配式建筑的内涵及技术优势

一、装配式建筑发展背景与意义

（一）装配式建筑发展的背景

装配式建筑是建造方式的革新，更是建筑业落实党中央、国务院提出的推动供给侧结构性改革的一个重要举措。国际上，装配式建筑发展较为成熟，第二次世界大战以后，欧洲一些国家大力发展装配式建筑，其发展装配式建筑的背景是基于三个条件：一是工业化的基础比较好；二是劳动力短缺；三是需要建造大量房屋。这三个条件是大力发展装配式建筑的非常有利的客观因素。目前，装配式建筑技术已趋于成熟，我国也呈现出类似上述装配式建筑发展的三大背景特征，具备了发展与推广装配式建筑的客观环境。

再从建筑产品与建造方式本身来看，目前的建筑产品，基本上是以现浇为主，形式单一，可供选择的方式不多，会影响产品的建造速度、产品质量和使用功能。从建造过程来看，传统建造方式设计、生产、施工相脱节，生产过程连续性差；以单一技术推广应用为主，建筑技术集成化程度低；以现场手工、湿作业为主，生产机械化程度低；工程以包代管，管施分离，工程建设管理粗放；以劳务市场的农民工为主，工人技能和素质低。传统建造方式存在技术集成能力低、管理方式粗放、劳动力素质低、生产手段落后等诸多问题。此外，传统建造方式还存在环境污染、安全、质量、管理等多方面的问题与缺陷，而装配式建筑一定程度上能够对传统建造方式的缺陷加以克服、弥补，成为建筑业转型升级的重要途径之一。

然而，近几年我国虽然在积极探索发展装配式建筑，但是从总体上讲，装配式建筑的比例和规模还不尽如人意，这也正是在当前的形势下，我国大力推广装配式建筑的一个基本考虑。

（二）装配式建筑发展的重要意义

1. 建筑业转型升级的需要

当前我国建筑业发展环境已经发生深刻变化，建筑业一直是劳动密集型的产业，长期积累的深层次矛盾日益突出，粗放增长模式已难以为继。同其他行业和发达国家同行相比，我国建筑行业手工作业多、工业化程度低、劳动生产率低、工人工作条件差、质量和安全水平不高、建造过程能源和资源消耗大、环境污染严重。长期以来，我国固定资产投资规模很大，而且劳动力充足，人工成本低，企业忙于规模扩张，没有动力进行工业化研究和生产；随着经济和社会的不断发展，人们对建造水平和服务品质的要求不断提高，而劳动用工成本不断上升，传统的生产模式已难以为继，必须向新型生产方式转轨，因此，建筑预制装配化是转变建筑业发展方式的重要途径。[1]

装配式建筑是提升建筑业工业化水平的重要机遇和载体，是推进建筑业节能减排的重要切入点，是建筑质量提升的根本保证。装配式建筑无论对需求方、供给方，还是整个社会都有其独特的优势，但由于我国建筑业相关配套措施尚不完善，一定程度上阻碍了装配式建筑的发展。但是从长远来看，科学技术是第一生产力，国家的政策必定会适应发展的需要而不断改进。因此，装配式建筑必然会成为未来建筑的主要发展方向。

---

[1] 陈群，蔡彬清，林平. 装配式建筑概论 [M]. 北京：中国建筑工业出版社，2017，第23页.

2.可持续发展的需求

在可持续发展战略指导下，努力建设资源节约型、环境友好型社会是国家现代化建设的奋斗目标，国家对资源利用、能源消耗、环境保护等方面提出了更加严格的要求，如我国制定了到 2020 年国内单位生产总值二氧化碳排放量比 2005 年下降 40% ～ 45% 的减排目标。要实现这一目标，建筑行业将承担更重要的任务，由大量消耗资源转变为低碳环保，实现可持续发展。

我国是世界上年新建建筑量最大的国家，每年新增建筑面积超过 20 亿平方米，然而相关建设活动，尤其是采用传统方式开展的建设活动对环境造成严重影响，比如施工过程扬尘、废水废料、巨额能源消耗等。具体看，施工过程中的扬尘、废料垃圾随着城市建设节奏的加快而增加，在施工建造等各环节对环境造成了破坏，建筑垃圾已经占到城市固体垃圾总量的 40% 左右，此外还造成大量的建筑建造与运行过程中的能耗与资源材料消费。在建筑工程全寿命周期内尽可能地节能降耗、减少废弃物排放、降低环境污染、实现环境保护并与自然和谐共生，应成为建筑业未来的发展方向之一。因此，加速建筑业转型是促进建筑业可持续发展的重点。

多年来，各地针对建筑企业的环境治理政策均是针对施工环节的，而装配式建筑目前是解决建筑施工中扬尘、垃圾污染、资源浪费等的最有效方式之一，其具有可持续性的特点，不仅防火、防虫、防潮、保温，而且环保节能。随着国家产业结构调整和建筑行业对绿色节能建筑理念的倡导，装配式建筑受到越来越多的关注。作为对建筑业生产方式的变革，装配式建筑符合可持续发展理念，是建筑业转变发展方式的有效途径，也是当前我国社会经济发展的客观要求。

3.新型城镇化建设的需要

我国城镇化率从 1978 年的 17.9% 到 2014 年的 54.77%，以年均增长 1.02% 的速度稳步提高。随着内外部环境和条件的深刻变化，城镇化必须进入以提升质量为主的转型发展新阶段。国务院发布的《国家新型城镇化规划》指出：推动新型城市建设，坚持适用、经济、绿色、美观方针，提升规划水平，全面开展城市设计，加快建设绿色城市；对大型公共建筑和政府投资的各类建筑全面执行绿色建筑标准和认证，积极推广应用绿色新型建材、装配式建筑和钢结构建筑；同时要求城镇绿色建筑占新建建筑的比重将由 2012 年的 2% 增加到 2020 年的 50%。

随着城镇化建设速度不断加快，传统建造方式从质量、安全、经济等方面已经难以满足现代建设发展的需求。预制整体式建筑结构体系符合国家对城镇化建设的要求和需要，因此，发展预制整体式建筑结构体系可以有效促进建筑业从"高能耗建筑"向"绿色建筑"的转变、加速建筑业现代化发展的步伐，有助于快速推进我国的城镇化建设进程。

二、装配式建筑的内涵及特征

（一）装配式建筑的内涵

集成房屋是预制装配式建筑的一种，是通过采用最新的各类轻型材料组合和冷压轻钢的结构，组合建筑物的各个部分。这些建筑物的构件全部是在工厂预制完成的，然后运输到施工现场，运用可靠的连接方式将构件加以组装而建成建筑物，这样的建筑物具有保温、防潮、抗震、节能、隔声、防虫、防火等功能。

装配式建筑在欧美及日本被称作产业化住宅或工业化住宅。其内涵主要包括以下三个主要方面。

第一，装配式建筑的主要特征是将建筑生产的工业化进程与信息化紧密结合，体现了信息化与建筑工业化的深度融合。信息化技术和方法在建筑工业化产业链中的部品生产、建筑设计、施工等各个环节都发挥了不可或缺的作用。

第二，装配式建筑集中体现了工业产品社会化大生产的理念。装配式建筑具有系统性和集成性，促进了整个产业链中各相关行业的整体技术进步，有助于整合科研、设计、开发、生产、施工等各方面的资源，协同推进，促进建筑施工生产方式的社会化 。[①]

第三，装配式建筑是实现建筑全生命周期资源、能源节约和环境友好的重要途径之一。装配式建筑通过标准化设计优化设计方案，减少由此带来的资源、能源浪费；通过工厂化生产减少现场手工湿作业带来的建筑垃圾等废弃物；通过装配化施工减少对周边环境的影响，提高施工

② 任凭，牛凯征，庄建英，梁莞然. 浅议新型建筑工业化[J]. 建材发展导向（下），2014（5）：23~26.

质量和效率；通过信息化技术实施定量和动态管理，达到高效、低耗和环保的目的。

（二）装配式建筑的特征

1. 系统性和集成性

装配式建筑集中体现了工业产品社会化大生产的理念，具有系统性和集成性，其设计、生产、建造过程是各相关专业的集合，促进了整个产业链中各相关行业的整体技术进步，需要科研、设计、开发、生产、施工等各方面的人力、物力协同推进，才能完成装配式建筑的建造。

2. 设计标准化、组合多样化

标准化设计是指"制定统一的模式和标准在构件共性的条件下，对于通用装配式构件，可以运用广泛的设计范围"。装配式建筑的设计速度较快，重复劳动少，构件和部品的规格通过采用标准化设计思路。同时，把个性化的要求融入到标准化的设计中进行多样组合，设计过程中可以兼顾城市发展环境、周边环境、历史文脉、用户习惯、交通人流和情感等因素，丰富装配式建筑的类型。

以住宅为例，可以用标准化的套型模块组合出不同的建筑形态和平面组合，创造出板楼、塔楼、通廊式住宅等众多平面组合类型，为满足规划的多样化要求提供了可能。

3. 生产工厂化

装配式建筑的结构构件采用了工厂机械化程度较高的生产工艺，蒸汽养护、模具成型等都是在工厂生产完成的，使生产成本大幅降低，生产效率大大提高。同时，构件产品的质量由于易于掌握的工艺和材料、工厂化的生产，而得到了很好的保证。

4. 施工装配化、装修一体化

装配式建筑的施工可以实现多工序同步一体化完成。由于前期土建和装修一体化设计，构件在生产时已事先统一在建筑构件上预留孔洞，在装修面层预埋固定部件，避免在装修施工阶段对已有建筑构件打凿、穿孔。构件运至现场之后，按预先设定的施工顺序完成一层结构构件吊装之后，在不停止后续楼层结构构件吊装施工的同时，可以同时进行下层的水电装修施工，逐层递进，且每道工序都可以像设备安装那样检查精度,各工序交叉作业方便有序,简单快捷且可保证质量,加快施工进度,缩短工期。

5. 管理信息化、应用智能化

装配式建筑的装配式特性特别强调各个环节各个部件之间的协调性,BIM的应用会为装配式建筑设计、制作和安装带来很大的便利,避免或减少"撞车"、疏漏现象。

建筑工程项目之所以常常出现"错漏碰缺"和"设计变更",出现不协调,就是因为工程项目各专业各环节信息零碎化,形成一个个的信息孤岛,信息无法整合和共享,各专业各环节缺少一种共同的交互平台,造成信息封闭和传递失误。现浇混凝土工程出现撞车问题还可以在现场解决,装配式建筑工程构件是预制的,一旦到现场才发现问题,木已成舟,来不及补救了,会造成很大的损失。BIM技术可以改变这一局面。由于建筑、结构、水暖电各个专业之间,设计、制作和安装之间共享同一模型信息,检查和解决各专业间各环节间存在的冲突更加直观和容易。例如,在装配式建筑实际设计中,通过整合建筑、结构、水暖、电气、消防、弱电各专业模型和设计、制作、运输、施工各环节模型,可查出构件与设备、管线等的碰撞点,每处碰撞点均有三维图形显示,碰撞位置、碰撞管线和设备名称以及对应图样位置处。

(三)装配式建筑的分类

建筑是人们对一个特定空间的需求,按照用途不同分为住宅、商业、机关、学校、工厂厂房等;按照建筑高度可分为低层、多层、中高层、高层和超高层。装配式建筑按照建造过程,先由工厂生产所需要的建筑构件,再进行组装完成整个建筑。

由于建筑构件的材料不同,集成化生产的工厂及工厂的生产线因为建筑材料的不同而生产方式也不同,由不同材料的构件组装的建筑也不同。因此,可以按建筑构件的材料来对装配式建筑进行分类。由于建筑结构对材料的要求较高,按建筑构件的材料来对装配式建筑进行分类也就是按结构分类。

1. 预制装配式混凝土结构(也称为 PC 结构)

PC 结构是钢筋混凝土结构构件的总称,通常把钢筋混凝土预制构件统称 PC 构件。按结构承重方式又分为剪力墙结构和框架结构。

（1）剪力墙结构

PC 结构的剪力墙结构实际上是板构件，作为承重结构是剪力墙墙板，作为受弯构件就是楼板。现在装配式建筑的构件生产厂的生产线多数是板构件生产。装配时施工以吊装为主，吊装后再处理构件之间的连接构造问题。

（2）框架结构

PC 结构的框架结构是把柱、梁、板构件分开生产，当然用更换模具的方式可以在一条生产线上进行。生产的构件是单独的柱、梁和板构件。施工时进行构件的吊装施工，吊装后再处理构件之间的连接构造问题。框架结构有关墙体的问题，可以由另外的生产线生产框架结构的专用墙板（可以是轻质、保温、环保的绿色板材），框架吊装完成后再组装墙板。

2. 预制集装箱式结构

集装箱式结构的材料主要是混凝土，一般是按建筑的需求，用混凝土做成建筑的部件（按房间类型，例如，客厅、卧室、卫生间、厨房、书房、阳台等）。一个部件就是一个房间，相当于一个集成的箱体（类似集装箱），组装时进行吊装组合就可以了。当然材料不仅仅限于混凝土，例如，日本早期装配式建筑集装箱结构用的是高强度塑料。这种高强度塑料可以做枪刺（刺刀），但缺点是防火性能差。

3. 预制装配式钢结构（也称为 PS 结构）

PS 结构采用钢材作为构件的主要材料，外加楼板和墙板及楼梯组装成建筑。装配式钢结构建筑又分为全钢（型钢）结构和轻钢结构，全钢结构的承重采用型钢，可以有较大的承载力，可以装配高层建筑。轻钢结构以薄壁钢材作为构件的主要材料，内嵌轻质墙板。一般装配多层建筑或小型别墅建筑。

（1）全钢（型钢）结构

全钢（型钢）结构的截面一般较大，可以有较高的承载力，截面可为工字钢、L 形或 T 形钢。根据结构设计的设计要求，在特有的生产线上生产，包括柱、梁和楼梯等构件。生产好的构件运到施工工地进行装配。装配时构件的连接可以是锚固（加腹板和螺栓），也可以采用焊接。全钢结构的承重采用型钢，可以有较大的承载力，可以装配高层建筑。

（2）轻钢结构

　　轻钢结构一般采用截面较小的轻质槽钢，槽的宽度由结构设计确定。轻质槽钢截面小，壁一般较薄，在槽内装配轻质板材作为轻钢结构的整体板材，施工时进行整体装配。由于轻质槽钢截面小而承载力小，所以一般用来装配多层建筑或别墅建筑。由于轻钢结构施工采用螺栓连接，施工快、工期短，还便于拆卸，加上装饰工程造价一般为 1500～2000 元 / 平方米，目前市场前景较好。

4. 木结构

　　木结构装配式建筑全部采用木材，建筑所需的柱、梁、板、墙、楼梯构件都用木材制造，然后进行装配。木结构装配式建筑具有良好的抗震性能、环保性能，很受使用者的欢迎。对于木材很丰富的国家，例如，德国、俄罗斯等则大量采用木结构装配式建筑。装配式建筑现在一般按材料及结构分类，其分类示意图如图 1-1-1 所示。

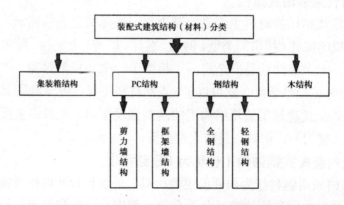

图 1-1-1 装配式建筑结构分类

三、装配式建筑的优势

　　与传统建筑相比，装配式建筑采用的是标准化设计思路，结合生产、施工需求优化设计方案，设计质量有保证，便于实行构配件生产工厂化、装配化和施工机械化。构件由工厂统一生产，减少现场手工湿作业带来的建筑垃圾等废弃物；构件运至现场后采用装配化施工，机械化程度高，有利于提高施工质量和效率，缩短施工工期，减少对周边环境的影响；

---

① 陈群，蔡彬清，林平.装配式建筑概论 [M].北京：中国建筑工业出版社，2017，第 46 页.

采用信息化技术实施定量和动态管理，全方位控制，效果好，资源、能源浪费少，节约建设材料，环境影响小，综合效益高①。

相比于传统建筑及其建造方式，装配式建筑具有以下突出优势。

（一）保护环境、减少污染

传统建筑工程施工过程中，因采用现场湿作业方式，现场材料、机械多，施工工序多，人员、机械、物料、能耗管理难度大，对周围环境造成噪声污染、泥浆污染、灰尘固体悬浮物污染、光污染和固体废弃物等污染严重。装配式建筑对于保护环境、减少污染的作用体现在以下几个方面。

（1）装配式建筑可节约原材料，最高达20%，自然会降低能源消耗，减少碳排放量。

（2）运输装配式建筑构件比运输混凝土减少了罐的重量和为了防止混凝土初凝转动罐的能源消耗。

（3）装配式建筑会大幅度减少工地建筑垃圾，最多可减少80%。

（4）装配式建筑大幅度减少混凝土现浇量，从而减少工地养护用水和冲洗混凝土罐车的污水排放量。预制工厂养护用水可以循环使用。PC建筑节约用水20%～50%。

（5）装配式建筑会减少工地浇筑混凝土振捣作业，减少模板、砌块和钢筋切割作业，减少现场支拆模板，由此会减轻施工噪声污染。

（6）装配式建筑的工地会减少扬尘。装配式建筑内外墙无需抹灰，会减少灰尘及落地灰等。

（二）装配式建筑品质高

装配式建筑并不是单纯的工艺改变，将现浇变为预制，而是建筑体系与运作方式的变革，对建筑质量提升有推动作用。

（1）装配式建筑要求设计必须精细化、协同化。如果设计不精细，装配式建筑构件制作好了才发现问题，就会造成很大的损失。装配式建筑促使设计深入、细化、协同，由此会提高设计质量和建筑品质。

（2）装配式建筑可以提高建筑精度。现浇混凝土结构的施工误差往往以厘米计，而装配式建筑构件的误差以毫米计，误差大了就无法装配。装配式建筑构件在工厂模台上和精致的模具中生产，实现和控制品质比现场容易。预制构件的高精度会带动现场后浇混凝土部分精度的提高。在日本看到表皮是装配式建筑墙板反打瓷砖的建筑，100多平方米高的外墙面，瓷砖砖缝笔直整齐，误差不到2mm。现场贴砖作业是很难达到如此精度的。

（3）装配式建筑可以提高混凝土浇筑、振捣和养护环节的质量。浇筑、振捣和养护是保证混凝土密实和水化反应充分、进而保证混凝土强度和耐久性的非常重要的环节。现场浇筑混凝土，模具组装不易做到严丝合缝，容易漏浆；墙、柱等立式构件不易做到很好的振捣；现场也很难做到符合要求的养护。工厂制作装配式建筑构件时，模具组装可以严丝合缝，混凝土不会漏浆；墙、柱等立式构件大都"躺着"浇筑，振捣方便，板式构件在振捣台上振捣，效果更好；装配式建筑工厂一般采用蒸汽养护方式，养护的升温速度、恒温保持和降温速度用计算机控制，养护湿度也能够得到充分保证，养护质量大大提高。

（4）装配式建筑外墙保温可采用夹芯保温方式，即"三明治板"，保温层外有超过50mm厚的钢筋混凝土外叶板，比常规的粘贴外保温板铺网刮薄浆料的工艺安全性和可靠性大大提高，外保温层不会脱落，防火性能得到保证。最近几年，相继有高层建筑外保温层大面积脱落和火灾事故发生，主要原因是外保温层粘接不牢、刮浆保护层太薄等。"三明治板"解决了这两个问题。

（5）装配式建筑实行建筑、结构、装饰的集成化、一体化，会大量减少质量隐患。

（6）装配式建筑是实现建筑自动化和智能化的前提。自动化和智能化减少了对人、对责任心等不确定因素的依赖。由此可以避免人为错误，提高产品质量。

上海保利公司的平凉路住宅工程，只有25%装配式建筑预制率，但在结构测评中，装配式建筑与同一工地的现浇混凝土建筑的评分分别是80分和60分，装配式建筑高出30%多。上海最近几年的装配式建筑，墙体渗漏、裂缝现象比现浇建筑大大减少。就抗震而言，日本鹿岛科研所的试验结论是装配式建筑的可靠性高于现浇建筑。日本1992年阪神大地震的震后调查，装配式建筑的损坏比例也比其他建筑低。

（三）装配式建筑形式多样

传统建筑造型一般受限于模板搭设能力，对于造型复杂的建筑，采用传统建筑方式，很难做到。装配式建筑在设计过程中，可根据建筑造型要求，灵活进行结构构件设计和生产，也可与多种结构形式进行装配施工。如与钢结构复合施工，可以采用预制混凝土柱与钢构桁架复合建造，也可以设计制造如悉尼歌剧院式的薄壳结构或板壳结构。由美国建筑师 Richard Meier 设计，于 2003 年建造完成的罗马千禧教堂就是由 346 片预制异型混凝土板组构而成。除此之外，采用预制工艺，还可以完成各种造型复杂的外饰造型板材、清水阳台或者构件，如庙宇式建筑——花莲慈济精舍寮房，就是采用预制工艺建造的装配式建筑。

从实用角度出发，装配式建筑可以根据选定户型进行结构形式灵活多样的模数化设计和生产。这种设计对比较适合于大规模标准化建设，可以大大地提高生产效率。因此，对于像传统现浇建筑一样的建筑，采用装配式建筑可以更高效、更快速地达到造型和使用要求。

（四）减少施工过程安全隐患

装配式建筑有利于安全，具体表现在以下几点：

（1）工地作业人员大幅度减少，高处、高空和脚手架上的作业大幅度减少。

（2）工厂作业环境和安全管理的便利性好于工地。

（3）装配式建筑生产线的自动化和智能化进一步提高生产过程的安全性。

（4）工厂工人比工地工人相对稳定，安全培训的有效性更强。

（五）节省劳动力并改善劳动条件

1. 节省劳动力

装配式建筑把一部分工地劳动力转移到工厂，工地人工大大减少，总体而言，装配式建筑会节省劳动力。节省多少主要取决于预制率大小、生产工艺自动化程度和连接节点设计。

（1）预制率高，模板作业人工大幅度减少。工厂模具可以反复使用，工厂组模拆模作业的用工量也比现场少。预制率高也会大幅度减少脚手架作业的人工。

（2）工厂钢筋加工可以实现自动化或半自动化，构件制作生产线自动化程度高，会大幅度节省人工。但如果生产线只是移动的模台，就节省不了多少人工。欧洲生产叠合板、双皮板、无保温墙板和梁柱板一体化墙板的生产线，自动化程度非常高，节省劳动力的比例很大，构件制作环节最多可以节省人工95%以上。日本生产装配式建筑柱、梁和幕墙板的工艺自动化程度不高，工厂节省劳动力的比例不大。

（3）结构连接节点简单，后浇区少，可以节省人工；连接节点复杂，后浇区多，节省人工就少。

欧洲装配式建筑的连接节点比较简单，或由于建筑高度不高，或由于抗震设防要求不高，或由于科研充分，经验丰富。

装配式建筑节省劳动力可达到50%以上。但如果装配式建筑预制率不高，生产工艺自动化程度不高，结构连接又比较麻烦或有比较多的后浇区，节省劳动力就比较难。

总的趋势看，随着装配式建筑和预制率的提高，装配式建筑构件的模数化和标准化，生产工艺自动化程度会越来越高，节省人工的比例也会越来越大。

2. 改变建筑从业者的构成

装配式建筑可以大量减少工地劳动力，使建筑业农民工向产业工人转化，提高素质。装配式建筑会减少建筑业蓝领工人的比例。由于设计精细化和拆分设计、产品设计、模具设计的需要，以及精细化生产与施工管理的需要，白领人员比例会有所增加。由此，建筑业从业人员的构成发生变化，知识化程度得以提高。

3. 改善工作环境

装配式建筑把很多现场作业转移到工厂进行，高处或高空作业转移到地面进行；风吹日晒雨淋的室外作业转移到车间里进行，工作环境大大改善。装配式建筑工厂的工人可以在工厂宿舍或工厂附近住宅区居住，不用住工地临时工棚。装配式建筑使很大比例的建筑工人不再流动，定居下来，解决了夫妻分居、孩子留守问题。同时，装配式建筑可以较多地使用设备和工具，工人劳动强度大大降低。

（六）节约材料

1. 装配式建筑节约材料分析

装配式建筑减少模具材料消耗，特别是减少木材消耗。墙体在工地现场浇筑是两个板面支模，而在工厂制作只有一个板面模具（模台）加上边模，模台和规格化的边模可以长期周转使用。装配式建筑叠合板本身就是后浇叠合层的模具；一些装配式建筑构件是后浇区模具的一部分。有施工企业统计，装配式建筑节约模具材料达 50% 以上。

装配式建筑构件表面光洁平整，可以取消找平层和抹灰层。室外可以直接做清水混凝土或涂漆；室内可以直接刮"大白"。

现浇混凝土使用商品混凝土，用混凝土罐车运输。每次运输混凝土都会有浆料挂在罐壁上，混凝土搅拌站出仓混凝土量比实际浇筑混凝土量大约多 2%，这些多余量都挂在了混凝土罐车上，还要用水冲洗掉。装配式建筑则大大减少了这部分损耗。

装配式建筑工地不用满搭脚手架，能减少脚手架材料的消耗量，达 70% 以上。装配式建筑带来的精细化和集成化会降低各个环节，如围护、保温、装饰等环节的材料与能源消耗。装配式建筑不能随意砸墙凿洞，会"逼迫"毛坯房升级为装修房，集约化装修会大量节约材料。不同的结构体系、不同的预制率、不同的连接方式、不同的装修方式，节约原材料的比例不同，最多可达到 20%。

2. 装配式建筑增加材料分析

装配式建筑也有增加材料的地方，下面具体分析一下。

（1）夹芯保温墙增加了外叶板和拉结件夹芯保温墙板，比现在常用的粘贴保温层表面挂网刮薄浆的方式增加了 50～60mm 厚的钢筋混凝土外叶板和拉结件。夹芯保温板是解决目前外墙保温工艺存在的重大问题，是提高安全性、可靠性和耐久性的必要措施，所以，不能把材料消耗和成本增加的"责任"算到装配式建筑的头上。

（2）装配式建筑叠合楼板比现浇混凝土楼板厚 20mm。一般情况下，住宅现浇楼板 120mm 厚。装配式建筑叠合楼板 60mm 厚，如果后浇叠合层 60mm 厚，埋设管线不够，需 80mm 厚才行。如此，装配式建筑叠合楼板总厚度 140mm，比现浇楼板厚了 20mm。但是，如果楼板中不埋设管线，装配式建筑叠合楼板与现浇楼板厚度一样。

在楼板混凝土中埋设管线是很落后很不合理的做法。发达国家已经没有这样做的了。管线的寿命为 10～20 年，结构混凝土的寿命是 50 年，甚至更长，两者不同步。当埋设在混凝土中的管线使用寿命到期时，由于埋设在混凝土中，很难维修和更换。所以，问题的解决应当是告别落后的不合理的传统做法，而不是迎合它，以它作为判断合理性的标准。

（3）蒸汽养护增加了耗能。装配式建筑构件蒸汽养护比现场浇水养护多消耗能源。但蒸汽养护提高了混凝土质量，特别是提高了耐久性。从建筑结构寿命得以延长的角度看，总的耗能是大大降低了。

（4）增加了连接套筒和灌浆料。装配式建筑结构连接增加了套筒和灌浆料，也会增加后浇区钢筋搭接和锚固长度。这确实是因装配式建筑而增加的材料，也是装配式建筑成本中的大项。

（5）用套筒连接的构件加大了保护层。混凝土保护层应当从套筒箍筋算起，由于套筒比所连接的受力钢筋直径大 30mm 左右，由此，相当于受力钢筋的位置内移了，保护层大了，或加大断面尺寸增加混凝土量，或保持断面尺寸不变增加钢筋面积。

浆锚搭接的构件，混凝土保护层应当从约束螺旋筋算起，也存在同样问题。叠合楼板、装配式建筑幕墙板和楼梯、挑檐板等不用套筒或浆锚连接的构件，不存在保护层加大问题。

日本规范规定，预制混凝土构件比现浇混凝土的保护层可以小5mm。因为预制环节质量更容易控制。如果按照日本的规定，一部分构件（有套筒的构件）保护层增加，一部分构件保护层减少，总的材料净增量会比较小。

我国目前没有预制构件比现浇构件保护层小的规定，再加上我国大多数建筑是剪力墙结构，混凝土用量大，保护层增加导致的材料消耗增加的问题可能更明显一些。但比起以上分析的装配式建筑化所能节约的材料相比，这只是一笔小账。

第二节　装配式建筑发展沿革及借鉴

一、装配式建筑发展沿革

装配式建筑不是新概念新事物。早在史前时期，人类还是采集—狩猎者时，尚未定居下来，也就是说，还处于"前建筑时期"，就有了装配式居住设施。

人类建筑史可分为三个阶段：前建筑时期、古典时期和现代时期。在前建筑时期，人类是游动的采集—狩猎者，没有定居，住所非常简单，主要是树枝、树叶搭建的草棚或兽骨、树干与兽皮搭建的帐篷。

兽皮帐篷是人类最早的装配式"建筑"。狩猎者把几十张兽皮缝制在一起，用木杆做骨架，围成了"房子"。走到哪里，把兽皮带到哪里，装配式"建筑"就建在哪里。

古典时期，人类进入了农业时代，定居了下来，石头、木材、泥砖和茅草建造的房子出现了，真正的建筑出现了。古典时期人类不仅建造居住的房子，也建造神庙、宫殿、坟墓等大型建筑。许多大型建筑都是装配式建筑，如古埃及和古希腊石头结构的柱式建筑，中世纪用石头和彩色玻璃建造的哥特式教堂，中国的木结构庙宇和宫殿等，都是在加工工场把石头构件凿好，或把木头柱、梁、斗拱等构件制作好，再运到现场，以可靠的方式连接安装。

现代建筑是工业革命和科技革命的产物，运用现代建筑技术、材料与工艺建造。世界上第一座现代建筑——1851年伦敦博览会主展览馆——水晶宫，就是装配式建筑。

1850年，英国决定在第二年召开世界博览会，展示英国工业革命的成果。博览会组委会向欧洲著名建筑师征集主展览馆的设计方案。各国建筑师们提交的方案都是古典建筑，既不能提供博览会所需要的大空间，又不能在博览会开幕前如期建成。万般无奈，组委会负责人，维多利亚女王的丈夫艾伯特亲王采纳了一个花匠提出的救急方案，把用铸铁和玻璃建造花房的技术用于展览馆建设：在铁工厂制作好铸铁柱梁，在玻璃工厂按设计规格制作玻璃，然后运到现场装配，几个月就完成了展览馆建设，解决了大空间和工期紧的难题，建筑也非常漂亮，像水晶一样，被誉为"水晶官"，创造了建筑史上的奇迹。

巴黎埃菲尔铁塔和纽约自由女神像也是装配式建筑，或者称为装配式建造物。

自由女神像是法国在美国建国 100 周年时赠送给美国的，1886 年建成。自由女神像是铸铁结构，铸铜表皮。铸铁结构骨架和铸铜表皮都是在法国制作的，漂洋过海运到美国安装。结构由著名的埃菲尔铁塔设计师埃菲尔设计。自由女神像是世界上最早的装配式钢结构金属幕墙工程。

1931 年建造的纽约帝国大厦也是装配式建筑。这座高 381m 的钢结构石材幕墙大厦保持世界最高建筑的地位长达 40 年。帝国大厦 102 层，采用装配式工艺，全部工期仅用了 410 天，平均 4 天一层楼，这在当时是非常了不起的奇迹。

现代建筑从 1850 年问世到 20 世纪 50 年代长达 100 年的时间，装配式建筑主要是钢结构建筑。1950 年以后，钢筋混凝土装配式建筑开始成为建筑舞台上的重要角色。

二、国外装配式建筑历史

最早的混凝土是两千多年前发明的。那是在罗马共和国时期，罗马南部地区有大量火山灰，火山灰颗粒很细，具有活性，相当于天然水泥，与水结合会发生水化反应，形成坚硬的固体。罗马人用火山灰、水和石子结合浇筑建筑物的拱券，罗马著名的斗兽场的拱券就是用天然混凝土浇筑而成的。

人造水泥的发明始于 1774 年，一个名叫艾迪斯通的英国工程师在建造一座灯塔时，使用了杂质含量大的石灰，却发现比质量好的石灰强度更高。经过化验分析，这些石灰中含有黏土。这件事引发了人们对新型胶凝材料的研究。1824 年，英国人约瑟夫·阿斯帕丁发明了水泥。41 年后，1865 年，一个名叫约瑟夫·莫尼埃的法国花匠用混凝土做了一个花盆，栽上花后，花盆不小心打碎了。莫尼埃发现，坚硬的混凝土花盆碎了，可松散的泥土却由于花根的盘根错节而结成了团。这给了他启发，他就在混凝土里加铁丝制作花盆，如此，花盆的抗拉强度大大提高。两年后，1867 年，他申请了钢筋混凝土专利。1890 年，法国开始出现钢筋混凝土建筑，同时也有了装配式建筑构件。1896 年，欧洲人建造了最早的预制钢筋混凝土房屋——一座门卫房。

以上可知，钢筋混凝土的问世就是从预制开始的；钢筋混凝土进入建筑领域就伴随着装配式建筑的进程。

20 世纪初期，有人明确提出大规模装配式建筑的主张。现代建筑的领军人物，20 世纪世界四大著名建筑大师之一的格罗皮乌斯在 1910 年提出：钢筋混凝土建筑应当预制化、工厂化。20 世纪 50 年代，另一位世界四大著名建筑大师之一的勒·柯布西耶设计了著名的马赛公寓，采用了大量的装配式建筑构件。

建筑领域大规模装配式建筑化始于北欧。20 世纪 60 年代，瑞典、丹麦、芬兰等北欧国家由政府主导建设"安居工程"，大量建造装配式建筑，主要是多层"板楼"。瑞典当时人口只有 800 万左右，每年建造安居住宅多达 20 万套，仅仅 5 年时间就为一半国民解决了住房。北欧冬季漫长，气候寒冷，夜长昼短，一年中可施工时间比较少。北欧国家大规模搞装配式建筑主要是为了缩短现场工期，提高建造效率和降低造价。北欧人冬季在工厂大量预制装配式建筑构件，到了可施工季节到现场安装。北欧的装配式建筑获得了成功，不仅提高了效率，降低了成本，也保证了质量。北欧经验随后被西欧其他国家借鉴，又传至东欧、美国、日本、东南亚……

20 世纪有一些著名的建筑大师热衷于装配式建筑，包括沙里宁、山崎实、贝聿铭、扎哈、屈米、奈尔维等，都设计过装配式建筑。

欧洲高层建筑不是很多，超高层建筑更少，装配式建筑大多是多层框架结构。欧洲的装配式建筑制作工艺自动化程度很高，装配式建筑的装备制造业也非常发达，居于世界领先地位。目前欧洲装配式建筑占总建筑量的比例在 30% 以上。

日本是世界上装配式建筑运用得最为成熟的国家之一。日本高层、超高层钢筋混凝土结构建筑很多是装配式建筑。日本多层建筑较少采用装配式，因为层数少，又很少有大规模住宅区工程，模具周转次数少，采用装配式造价太高。

装配式建筑技术已经发展了半个多世纪，在发达国家积累了很多成熟的经验。日本的超高层装配式建筑经历了多次大地震的考验。装配式建筑技术是成熟的技术。

日本的装配式建筑多为框架结构、框架—剪力墙结构和简体结构体系，预制率比较高。日本许多钢结构建筑也用装配式建筑叠合楼板、装配式建筑楼梯和装配式建筑幕墙。

韩国、新加坡等国的装配式建筑技术与日本接近，应用比较普遍，但比例不像日本那么大。目前，亚洲的装配式建筑化进程正处于上升期。

北美装配式建筑比欧洲和日本少。因为北美住宅大多是别墅和低层建筑，多用木结构建造。北美装配式建筑主要用于多层建筑，包括装配式墙板、预应力楼板等。

装配式建筑是大规模建筑的产物，也是建筑工业化进程的重要环节。早期钢筋混凝土结构建筑，每个工地都要建一个小型混凝土搅拌站；后来，有了商品混凝土，集中式搅拌站形成了网络，取代了工地搅拌站；再进一步，装配式建筑构件厂形成了网络，部分取代了商品混凝土。

三、装配式建筑经验借鉴——以德国为例

德国装配式建筑自第二次世界大战后经过 70 年的积累，对我们有很多启示和借鉴。装配式建筑应有完善的产业链支撑。装配式建筑不是设计单位或施工单位就能推动的产业，它需要标准规范、施工工艺、吊装设备、部品部件等一系列配套的环境，需要产业链上下游企业共同参与才能完成。我们应发挥"政产学研用"的协同创新模式，大力进行装配式建筑的研发、设计、生产、运输、施工等技术创新、产品创新和管理创新，通过产业链协同的方式大力推进装配式建筑发展的进程。

管理模式需要创新。在德国实行的设计师负责制，打通了设计、生产、施工、运维环节，保证了产业链的协同，更好地发挥了产业化的优势。在我国，应大力推行以工程总承包（EPC）为龙头的设计、施工一体化的模式，更好地发挥装配式建筑的优势，并实现现代化的企业运营管理模式。

在推进装配式建筑上，应有执着和坚持精神。从德国的装配式建筑进程看，也不是一帆风顺，其中有很多低谷。但相关的企业都坚持走工业化的道路，在低谷时期研究相关技术和新产品，通过创新不断提高工业的质量和水平，改变人们对工业化的认识，最终迎来了市场的认可和繁荣。当前我国的装配式建筑也存在着市场不足，民众认可度不高的局

面，相关企业应学习德国企业的执着和坚持精神，通过坚持不懈的持续推进，最终一定能迎来装配式建筑的春天。

应大力培养产业工人。从德国的装配式建筑进程看，"双元制"职业教育制度为建筑工业化提供了大量优秀的产业工人。目前，我国装配式建筑的技术工人严重不足，制约着产业化的发展。为了解决这个问题，政府和企业应共同行动。政府应大力推进职业资格教育，鼓励校企联合培养产业工人。企业也应建立自己的产业化培训体系，组建自己的产业化队伍，为产业化提供充足的技术工人队伍。

灵活运用装配式建筑结构体系。德国的装配式建筑结构非常成熟，钢结构、木结构、玻璃结构、预制混凝土、现浇混凝土、集成化设备结构体系灵活组合应用在公共建筑、多层和高层住宅中。我国在推进装配式建筑的过程中，也应综合考虑成本、质量、安全等因素，合理选用结构体系，不能通过政策性指令去限定结构体系的应用。

合理选择建筑工业化技术体系。德国的建筑工业化技术体系主要分为大模板、预制和 TGA 体系。德国的大模板体系非常成熟，广泛应用在建筑、桥梁、隧道、水电等领域。在预制体系方面，德国会因地制宜，综合考虑结构性能、施工便捷等因素，将混凝土、钢结构、木结构、玻璃结构等进行有机结合，结合各自体系之长，选用最合适的结构体系用于建筑中。在建筑部品、专业产品、设备集成方面，德国有完善的产品和产业链，很好地支撑了建筑工业化的发展。

目前我国在推行装配式建筑方面，偏重于强调预制装配式主体结构技术体系，2015 年底又提出了推行钢结构、木结构技术体系，但相对还是比较单一。其实大模板也是工业化的技术体系之一。[①]我们在推行装配式建筑时，应借鉴德国的经验，综合考虑环境、性能、施工、成本、质量、安全、配套部品、部件等因素，选择合适的技术体系或通过技术体系组合，更好地发挥装配式建筑所带来的优势。

---

① 王俊，赵基达，胡宗羽. 我国建筑工业化发展现状与思考 [J]. 土木工程学报，2016(5):2 ~ 10.

第三节　装配式建筑的现状分析与主要问题

一、装配式建筑的现状分析

（一）装配式建筑稳步推进

以试点示范城市和地区作为引导，使一些地区呈现出了规模化的发展趋势。截至 2013 年底，全国累计开工 1200 万平方米装配式建筑，2014 年，全年开工约 1800 万平方米，2015 年，全年开工约 4000 万平方米。据不完全统计，截至 2015 年底，全国累计建筑面积约 8000 万平方米装配式建筑，同时，钢结构、木结构建筑，大约占新开工建筑面积的 5%。

但从总体来看，我国的建筑业仍旧沿袭"粗放"的高耗能、高污染、低效率的传统现浇建造模式，存在着一系列的问题，如劳动力供给不足、建造技术水平不足、高素质建造工人的短缺等问题。

（二）政策支撑体系逐步建立

党的十八大提出，转变发展方式，推进建筑业结构优化，推进装配式建筑发展。提出"走新兴工业化道路"，以住宅为主的装配式建筑受到了国家领导人的重视。中共中央加大政策支持力度来"大力推广装配式建筑"的发展，争取用 10 年左右的时间来使装配式建筑的比例达到市场份额的 30%，这些政策为装配式建筑的发展提供了良好的基础。

同时，装配式建筑发展的政策，在各级地方政府的积极引导和因地制宜地探索下，在全国产生了积极的影响。部分城市出台配套行政措施与指导意见，这对装配式建筑项目的实施起到了促进作用。地方政府打造和培育装配式建筑市场，以试点示范城市为代表，目的有两个。一是为装配式建筑市场提供项目来源，对具有资质和潜力的开发项目实行强制执行。通过政府投资提供市场需求，特别是保障性住房的建设。二是为加强装配式构件产品的供给能力，应引导相关企业和产业园区的发展。

（三）技术支撑体系初步建立

经过近些年的不断研究和各方的努力，随着技术体系的不断发展完善、科学研发的不断投入、相关标准规范的陆续出台、试点项目的不断推广，在大多数地方出台了有关装配式建筑的标准和技术文件，如上海已经出台了 5 项标准，且有 4 项技术管理文件和地方标准正在编制。北京出台了 11 项有关装配式混凝土建筑的质量验收、设计的技术管理文件和标准；深圳出台了 11 项有关《预制装配式混凝土建筑模数协调》的标准和规范；沈阳出台了 9 部有关《预制混凝土构件制作与验收规程》省市级地方技术标准。各地纷纷出台的各项政策标准为装配式建筑的发展提供了强有力的技术支撑。

装配式建筑结构体系、部分单项技术和产品的研发、技术保障体系、部品体系等的建立已经达到国际先进水平。在建筑结构方面，钢结构住宅体系、装配式混凝土结构体系等都得到了开发和应用。装配式框架外挂板、剪力墙等结构体系的施工技术日臻完善。施工与装修一体化、设计、施工与太阳能一体化设计项目的比例逐年攀升，并分别形成了以万科和宇辉为代表的装配式建筑项目套筒灌浆和约束浆锚搭接的关键技术。建筑垃圾得到了循环利用、节水与雨水收集技术、生活垃圾处理技术得到了较多的应用；越来越丰富的一体化保温节能技术产品（屋面、外墙、门窗）出现，这些装配式建筑技术提升了工程建设的科技水平，整体节能减排的效果得到了提升，住宅的质量、性能和品质得到了提高。①

（四）试点示范带动成效明显

各地以保障性住房为主的试点示范项目起到了先导带动作用，这得益于试点城市的先行先试。2016 年国务院发布的《关于进一步加强城市规划建设管理工作的若干意见》提出：要大力推广装配式建筑，减少建筑垃圾和扬尘污染，缩短建造工期，提升工程质量；制定装配式建筑设计、施工和验收规范；完善部品部件标准，实现建筑部品部件工厂化生产；鼓励建筑企业装配式施工，现场装配；建设国家级装配式建筑生产基地；

---

① 范幸义.装配式建筑 [M].重庆：重庆大学出版社，2017，第 87 页.

提出"建筑八字方针"——适用、经济、绿色、美观；力争用 10 年左右时间，使装配式建筑占新建建筑的比例达到 30%。

住宅产业化基地建设正呈现良好的发展态势。一是申报对象向基层延展；除北京、上海、青岛、厦门等副省级及以上城市积极申报外，潍坊、海门等一些地市级城市也踊跃申报。二是申报范围向中西部拓展，如乌海、广安等城市也获批。三是基地数量增长迅速，通过"以点带面"扎实有效地推进了装配式建筑工作全面开展。

（五）行业内生动力持续增强

诸多因素的影响使得越来越多的开发商和施工企业转向装配式建筑工作由于建筑业劳动力和高级技工市场短缺，建筑业生产成本不断攀升，而装配式建筑在降低建筑生产成本、提高劳动生产率、提高企业的创造性、主动性、积极性方面起着重要的作用。通过投入大量人力、物力开展装配式建筑技术研发，万科、远大等一批龙头企业已在行业内形成了较好的品牌效应。装配式建筑设计、部品和构配件生产运输、施工以及配套等能力不断提升。截至 2014 年底，据不完全统计，全国 PC 构件生产线超过 200 条，产能超过 2000 万 m^3，如按预制率 50% 和 20% 分别测算，可供应装配式建筑面积 8000 万 m^2 到 20000 万 m^2。

（六）试点示范城市带动作用明显

建筑工业化的发展除了科技创新，还需要管理流程的创新，包括设计流程、建造流程和政府监督流程等。国内装配式建筑经过几年的发展，一些企业已经取得了一定的成绩。如沈阳 2011—2013 年每年同比增加 100 万平方米，增速保持在 50% 以上；北京 2010 年装配式建筑只有不到 10 万平方米，到 2012 年新开面积就超过 200 万平方米。从基于企业角度而言，万科集团 2010 年以前建造装配式建筑 173 万平方米，2013 年面积是 2010 年的 4 倍。

总体而言，与我国年新开工住宅 10 多亿平方米的建设规模相比，装配式建筑项目的面积总量还比较小，装配式建筑发展任重道远。

（七）产业集聚效应日益显现

依托以国家产业化基地为主，在各地成了众多的龙头企业，产业集聚效应日益凸显，带动了整个建筑业的转型发展。大体上可以将国家产业化基地分为 4 种类型：施工总承包类型企业；房地产开发产业联盟；以生产专业化产品为主；集设计、开发、施工、装修、制造为一体的全产业链企业；基地企业积极开展研究和开发工业化建筑体系、住宅标准，充分发挥龙头企业的优势，形成各具特色的发展模式，带动装配式建筑工作单位与科研院所、设计单位、开发企业、高校、部品生产、施工企业的联合。据保守估计，有基地企业完成的装配式建筑已占全国市场的80%，远远高于一般传统方式的建筑市场。装配式建筑主体带头作用日益突出，由产业升级和技术创新所带来的经济效益逐步体现。

装配式产业园区是伴随着装配式建筑产生而产生的，它为装配式建筑的发展起到了推动作用。2011 年沈阳获得装配式建筑试点城市后，开始打造全新的支柱产业，全力以赴培育产业园区。现代建筑业成为新的经济增长点，产值在 2013 年、2014 年达到了 1500 亿元以上，在全市五大优势产业中占据第三位。合肥的住宅产业制造园区，自引入黑龙江宇辉和中建国际后生产总值高达 30 多亿元。济南商河、章丘、长清为地区经济的快速发展也发挥了至关重要的作用，实现了产业链企业进驻产业园区。

（八）工业推进机制初步形成

在住建部的领导下，从 1998 年以来，住宅产业化促进中心积极推进装配式建筑的相关工作。各级省市地县增加人员编制积极开展了加强地区装配式建筑发展的工作，通过单设事业单位、处室或者通过智能委托的形式，全国 30 多个省或城市出台了相关政策，在加快区域整体推进方面取得了明显成效，部分城市已形成规模化发展的局面。全国已经批准的 11 个国家住宅产业现代化综合试点（示范）城市，以及高度重视装配式建筑的城市，专门成立建筑（住宅）产业现代化领导小组或联席会议制度，建立了发改、经信、建设、财政、国土、规划等部门协调推进机制。如沈阳市推进现代建筑产业化领导小组组长由市主要领导担任，副组长由 5 位副市级领导兼任。良好的决策机制与组织协调机制保证了装配式建筑工作顺利进行。

二、装配式建筑的主要问题

（一）粗放的建筑传统的障碍

在发达国家，现浇混凝土建筑也比较精细，所以，装配式建筑所要求的精细并不是额外要求，不会额外增加成本，工厂化制作反而会降低成本。但国内建筑传统比较粗放，具体体现在以下几个方面。

（1）设计不细，发现问题就出联系单更改。但装配式建筑构件一旦有问题往往到安装时才能被发现，那时已经无法更改了，因此会造成很大的损失，也会影响工期。

（2）各专业设计"撞车""打架"，以往可在施工现场协调。但装配式建筑几乎没有现场协调的机会，所有"撞车"必须在设计阶段解决，这就要求设计必须细致、深入、协同。

（3）电源线、电信线等管线、开关、箱槽埋设在混凝土中。发达国家没有这样做的，装配式建筑构件更不能埋设管线箱槽，只能埋设避雷引线。如果不在混凝土中埋设管线，就需要像国外建筑那样，顶棚吊顶，地面架空，增加层高。如此，会增加成本。

（4）习惯用螺栓后锚固办法。而装配式建筑构件不主张采用后锚固法，避免在构件上打孔，所有预埋件都在构件制作时埋入。如此，需要建筑、结构、装饰、水暖电各个专业协同设计，设计好所有细节，将预埋件等埋设物落在装配式建筑构件制作图上。

（5）以往建筑误差较大，实际误差以"cm"计。而装配式建筑的误差以"mm"计，连接套筒、伸出钢筋的位置误差必须控制在 2mm 以内。

（6）许多住宅交付毛坯房，有的房主自行装修时会偷偷砸墙凿洞。这在装配式建筑中是绝对不允许的，一旦破坏结构连接部位，就可能酿成重大事故。

装配式建筑从设计到构件制作到施工安装到交付后装修，都不能粗放和随意，必须精细，必须事先做好。但精细化会导致成本的提高。虽然这是借装配式建筑化之机实现了质量升级，但造成了装配式建筑化成本高的印象，加大了装配式建筑化的阻力。

（二）技术有待完善

1. 剪力墙技术有待成熟

国外剪力墙装配式建筑很少，高层建筑可供借鉴的经验几乎没有。装配式技术最为发达的日本没有剪力墙装配式建筑、框架，剪力墙结构中的剪力墙和筒体结构中的剪力墙核心筒都是现浇。北美偶尔有剪力墙装配式建筑，也是低层和多层建筑。欧洲的剪力墙装配式建筑是双皮剪力墙，双皮之间混凝土现浇，也主要用于多层建筑。

高层剪力墙装配式建筑是近几年才在我国蓬勃发展起来的，技术还有待于成熟。

我国现行行业标准《装配式混凝土结构技术规程》（JGJ1-2014）（以下简称《装规》）关于剪力墙装配式结构，出于十分必要的谨慎，要求边缘构件现浇。由于较多的现浇与预制并举，工序没有减少，反而增加了，成本也提高了，工期也没有优势。

行业标准《装规》规定剪力墙装配式建筑最大适用高度也比现浇混凝土剪力墙建筑低 $10 \sim 20m$，这影响了装配式剪力墙建筑的适用范围。

技术上的审慎是必要的，但审慎带来的对装配式化优势的消减必须得到重视，必须尽快解决。虽然靠行政命令可以强制推广装配式化，但勉强的事不会持久，对社会也没有益处。

提高或确认剪力墙结构连接节点的可靠性和便利性，使剪力墙装配式建筑与现浇结构真正达到或接近等同，是亟须解决的重点技术问题。

2. 外墙外保温

要提升外墙保温安全性的作用。但夹芯保温方式增加了外墙墙体重量与成本，也增加了建筑面积的无效比例（建筑面积以表皮为边界计算）。如此，一些装配式建筑依旧用粘接保温层刮浆的传统做法。

3. 吊顶架空问题

国外住宅大都是顶棚吊顶、地面架空，轻体隔墙，同层排水。不需要在楼板和墙体混凝土中埋设管线，维修和更换老化的管线不会影响到结构。我国住宅把电源线、通信线和开关箱体埋置在混凝土中的做法是不合理的落后的做法，改变这些做法需要吊顶、架空，这不是设计者所能决定的。

在没有吊顶的情况下，顶棚叠合板表面直接刮腻子刷涂料。如果叠合板接缝处有细微裂缝，虽然不是结构质量问题，但用户很难接受。避免叠合楼板接缝处出现可视裂缝是需要解决的问题。

4. 装配式建筑化设计责任问题

装配式建筑设计工作量增加很多。装配式建筑的设计不仅需要装配式建筑专业知识，更需要对整个项目设计的充分了解和各个专业的密切协同，装配式建筑的设计必须以该建筑设计单位为主导，必须贯彻整个设计过程，绝不能按照现浇混凝土结构设计后交给拆分设计单位或装配式建筑厂家拆分就行了，那样做有可能酿成重大技术事故。

目前，许多工程的装配式建筑设计任务实际上是由拆分设计单位或装配式建筑工厂承担的，项目设计单位只对拆分图签字确认，这是不负责任的做法，也是有危险的做法。

（三）成本问题

装配式建筑化最大的问题是成本问题。目前，我国装配式建筑的成本高于现浇混凝土结构。许多建设单位不愿接受装配式建筑化，最主要的原因在于成本高。本来，欧洲人是为了降低成本才搞装配式建筑化的。国外半个多世纪装配式建筑化的进程也不存在装配式建筑成本高的问题，成本高了也不可能成为安居工程的主角。笔者与日本装配式建筑技术人员交流，他们对我国装配式建筑建筑成本高觉得不可思议。可我国的现实是，装配式建筑成本确实高一些。对此，初步分析如下。

（1）因提高建筑安全性和质量而增加的成本被算在了装配式建筑化的账上。以"三明治板"为例。传统的粘贴保温层刮灰浆的做法是不安全不可靠的，出了多起脱落事故和火灾事故，"三明治板"取代这种不安全的做法，可以避免事故隐患，其增加的成本实际上是为了建筑的安全性，而不是为了 PC 化。

（2）剪力墙结构体系装配式建筑化成本高。我国住宅建筑，特别是高层住宅较多采用剪力墙结构体系，这种结构体系混凝土量大，钢筋细、多，结构连接点多，与国外装配式建筑建筑常用的柱、梁结构体系比较，装配式建筑化成本会高一些。

（3）技术上的审慎削弱了装配式建筑化的成本优势。我国目前处于装配式建筑化高速发展期，而我国住宅建筑主要的结构体系——剪力墙结构，国外没有现成的装配式建筑化经验，国内研究与实践也不多，所以，技术上的审慎非常必要。但这种审慎会削弱装配式建筑化的成本优势。

（4）装配式建筑化初期的高成本阶段。装配式建筑化初期工厂未形成规模化、均衡化生产；专用材料和配件因稀缺而价格高；设计、制作和安装环节人才匮乏导致错误、浪费和低效，这些因素都会增加成本。

（5）没有形成专业化分工。装配式建筑企业或大而全或小而全，没有形成专业分工和专业优势。在装配式建筑发达国家，装配式建筑产品有专业分工。以日本为例，有的装配式工厂专门生产幕墙板；有的装配式工厂专门生产叠合板；有的装配式工厂擅长柱、梁……各自有各自的优势和市场定位。专业化分工会大幅度降低成本。

（6）装配式企业大而不当的投资。中国装配式企业普遍存在"高大上"心态，装配式工厂建设追求大而不当的规模、能力和不实用的"生产线"，由此导致固定成本高。

（7）装配式构件多缴税。关于装配式化的税收政策滞后，装配式构件比现浇混凝土税率高。装配式构件企业按17%税率缴纳增值税，而商品混凝土企业实施简易征收，只按6%税率缴纳增值税。抵扣后，装配式构件比现浇混凝土税率高出6%以上。营改增后，装配式构件企业抵扣项会有所增加，会降低装配式构件的税赋，但幅度不大。[①]

（8）劳动力成本因素。发达国家劳动力成本非常高，装配式建筑节省劳动力，由此会大幅度降低成本，结构连接点增加的成本会被劳动力节省的成本抵消。所以，装配式建筑至少不会比现浇建筑贵。正因为如此，装配式建筑才被市场接受。我国目前劳动力成本相对不高，装配式化减少的用工成本不多，无法抵消结构连接等环节增加的成本。

（四）生产过程脱节

必须承认，PC建筑存在"脆弱"的关键点——结构连接节点。这里，"脆弱"两个字之所以打引号，不是因为其技术不可靠，而是强调对这个关键点在制作、施工和使用过程中必须小心翼翼地对待，必须严格按照设

---

① 于龙飞，张家春. 装配式建筑发展研究 [J]. 低温建筑技术，2015（9）：40～43.

计要求和规范的规定做正确、做好，必须禁止在关键点砸墙凿洞。因为，结构连接点一旦出现问题，可能会发生灾难性事故。

这里举几个国内 PC 工程的例子：有的工地钢筋与套筒不对位，工人用气焊烤钢筋，强行将钢筋煨弯；有的 PC 构件连接节点灌浆不饱满；有的 PC 构件灌浆料孔道堵塞，工人凿开灌浆部位塞填浆料。

（五）成本高于现浇影响推广

装配式建筑发展初期，在社会化分工尚未形成、未能实施大规模广泛应用的市场环境下，装配式建造成本普遍高于现浇混凝土建造方式，每平方米大体增加 200 元到 500 元。而装配式建筑带来的环境效益和社会效益，未被充分认识，特别是由于缺乏政策引导和扶持，市场不易接受，直接影响了装配式建筑的推进速度。随着规模化的推进和效率的提升，性价比的综合优势将逐渐显现出来。

（六）装配式建筑人才不足

我国大规模装配式建筑化的进程，最缺的就是有经验的技术。管理人员和技术工人、PC 化不是高科技，而是对经验要求较多的实用性技术。笔者曾经写过一篇文章《日本顾问如何救了我》，讲的是聘用的日本 PC 顾问在生产中发现了不易察觉的重大错误，避免了几千万元的损失。笔者深深地意识到经验对 PC 化的重要性。我国 PC 化的设计、制作和安装人才本来就稀缺，而大规模的快速发展又加剧了这种稀缺。

（七）装配式建造的配套能力不足

尚未形成与装配式建造相匹配的产业链，配套能力不足，包括预制构件生产设备、运输设备、关键构配件产品、适宜的机械工具等，这些能力不配套，已严重影响了装配式建设整体水平的提升。

（八）对国外研究不透彻

大多数专家在演讲与文章中，主要介绍装配式建筑的具体技术和一些项目实例、一些主观感受，缺乏国外推进装配式建筑的制度、机制、标准规范推广模式等方面的详细资料，也缺乏各种装配式建筑的统计数据，整体上缺乏系统性的研究和借鉴。

第二章　装配式建筑结构设计与应用

装配式建筑是将组成建筑的部分构件或全部构件在工厂内加工完成，然后运输到施工现场，将预制构件通过可靠的连接方式拼装就位而建成的建筑形式，简单地说就是"像造汽车一样地建房子"。这种建筑的优点是建造速度快，受气候条件制约小，既可节约劳动力，又可提高建筑质量，是工业化建筑的重要组成部分。装配式建筑根据材料划分，主要可分为装配式混凝土结构、钢结构、木结构三种。

第一节　装配式建筑主要结构分析

一、装配式混凝土结构

（一）装配式混凝土结构的内涵与特征

在建筑工程中，装配式混凝土结构是指由预制混凝土构件通过可靠的连接方式装配而成的混凝土结构，简称装配式建筑；在结构工程中，简称装配式结构。装配整体式混凝土结构是指由混凝土预制构件通过各种可靠的方式连接并与现场后浇混凝土、水泥基灌浆料形成整体受力的装配式混凝土结构。

装配式混凝土结构是建筑结构发展的重要方向之一，参照世界城市化进程的历史，城镇化往往需要牺牲生态环境和消耗大量资源来进行城市建设，随着我国城镇化快速提升期的到来，综合考虑可持续发展的新型城镇化、工业化、信息化是政府面临的紧迫问题，是研究者的关注核心，也是企业的社会责任。而当前我国建筑业仍存在着高能耗、高污染、低效率、粗放的传统建造模式，建筑业仍是一个劳动密集型企业，与新型城镇化、工业化、信息化发展要求相差甚远，同时面临着因我国劳动年龄人口负增长造成的劳动力成本上升或劳动力短缺的问题。因此，加快转变传统生产方式，以装配式混凝土结构为核心，大力发展新型建筑工业化，推进建筑产业现代化成为国家可持续发展的必然要求。①

装配式混凝土结构与传统的现浇混凝土结构相比，有以下特点。

1. 提升建筑质量

装配式混凝土结构建筑是对建筑体系和运作方式的变革，并不是单纯地将工艺从现浇变为预制，这有利于建筑质量的提升。

（1）设计质量的提升

装配式混凝土结构要求设计必须精细化、协同化，如果设计不精细，构件制作好了才发现问题，就会造成很大的损失。装配式混凝土结构建筑倒逼设计必须深入、细化和协同，由此会提高设计质量和建筑品质。

（2）预制构件生产质量的提升

预制混凝土构件在工厂模台上和精致的模具中生产，模具组对严丝合缝，混凝土不会漏浆；墙、柱等立式构件大都"躺着"浇筑，振捣方便，板式构件在振捣台上振捣，效果更好；预制工厂一般采用蒸汽养护方式，养护的升温速度、恒温保持和降温速度用计算机控制，养护湿度也能够得到充分保证，大大提高了混凝土浇筑、振捣和养护环节的质量。现浇混凝土结构的施工误差往往以厘米计，而预制构件的误差以毫米计，误差大了就无法装配，预制构件的高精度会带动现场后浇混凝土部分精度的提高。同时，外饰面与结构和保温层在工厂一次性成型，经久耐用，抗渗防漏，保温隔热，降噪效果更好，质量更有保障。

（3）有利于质量管理

装配式建筑实行建筑、结构、装饰的集成化、一体化，会大量减少质量隐患，而工厂作业环境比工地现场更适合全面细致地进行质量检查和控制。从生产组织体系上，装配式将建筑业传统的层层竖向转包变为扁平化分包。层层转包最终将建筑质量的责任系于流动性非常强的农民工身上；而扁平化分包，建筑质量的责任由专业化制造工厂分担，工厂有厂房、设备，质量责任容易追溯。

2. 节省劳力，提高作业效率

装配式混凝土结构建筑节省劳动力主要取决于预制率大小、生产工艺自动化程度和连接节点设计。预制率高、自动化程度高和安装节点简单的工程，可节省劳动力 50% 以上。但如果 PC 建筑预制率不高，生产

---

① 李纲.装配式建筑施工技能速成 [M].北京：中国电力出版社，2017，第 68 页.

工艺自动化程度不高，结构连接又比较麻烦或有比较多的后浇区，节省劳动力就比较难。总的趋势看，随着预制率的提高、构件的模数化和标准化提升，生产工艺自动化程度会越来越高，节省人工的比率也会越来越大。

装配式建筑把很多现场作业转移到工厂进行，高处或高空作业转移到平地进行，风吹日晒雨淋的室外作业转移到车间里进行，工作环境大大改善。

装配式结构建筑是一种集约生产方式，构件制作可以实现机械化、自动化和智能化，大幅度提高生产效率。欧洲生产叠合楼板的专业工厂，年产 120 万平方米楼板，生产线上只有 6 个工人。而手工作业方式生产这么多的楼板大约需要近 200 个工人。工厂作业环境比现场优越，工厂化生产不受气候条件的制约，刮风下雨不影响构件制作，同时工厂比工地调配平衡劳动力资源也更为方便。

3. 节能减排环保

装配式混凝土结构建筑能有效地节约材料，减少模具材料消耗，材料利用率高，特别是减少木材消耗；预制构件表面光洁平整，可以取消找平层和抹灰层；工地不用满搭脚手架，减少脚手架材料消耗；装配式建筑精细化和集成化会降低各个环节，如围护、保温、装饰等环节的材料与能源消耗，集约化装饰会大量节约材料，材料的节约自然会降低能源消耗，减少碳排放量，并且工厂化生产使得废水、废料的控制和再生利用容易实现。

装配式建筑会大幅度减少工地建筑垃圾及混凝土现浇量，从而减少工地养护用水和冲洗混凝土罐车的污水排放量。预制工厂养护用水可以循环使用，节约用水。装配式建筑会减少工地浇筑混凝土振捣作业，减少模板和砌块和钢筋切割作业，减少现场支拆模板，由此会减轻施工噪声污染。装配式建筑的工地会减少粉尘。内外墙无需抹灰，会减少灰尘及落地灰等。

4. 缩短工期

装配式建筑缩短工期与预制率有关，预制率高，缩短工期就多些；预制率低，现浇量大，缩短工期就少些。北方地区利用冬季生产构件，可以大幅度缩短总工期。①

---

① 范幸义. 装配式建筑 [M]. 重庆：重庆大学出版社，2017，第 103 页.

就整体工期而言，装配式建筑减少了现场湿作业，外墙围护结构与主体结构一体化完成，其他环节的施工也不必等主体结构完工后才进行，可以紧随主体结构的进度，当主体结构结束时，其他环节的施工也接近结束。对于精装修房屋，装配式建筑缩短工期更显著。

5. 发展初期成本偏高

目前，大部分装配式混凝土结构建筑的成本高于现浇混凝土结构，许多建设单位不愿接受的最主要原因在于成本高。装配式混凝土结构建筑必须有一定的建设规模才能降低建设成本，一座城市或一个地区建设规模过小，厂房设备摊销成本过高，很难维持运营。装配式初期工厂未形成规模化、均衡化生产；专用材料和配件因稀缺而价格高；设计、制作和安装环节人才匮乏导致错误、浪费和低效，这些因素都会增加成本。

6. 人才队伍的素质急需提升

传统的建筑行业是劳动密集型产业，现场操作工人的技能和素质普遍低下。随着装配式建筑的发展，繁重的体力劳动将逐步减少，复杂的技能型操作工序大幅度增加，对操作工人的技术能力提出了更高的要求，急需有一定专业技能的农民工向高素质的新型产业工人转变。

（二）装配式混凝土结构体系的分类

装配式混凝土结构体系包括：专用结构体系和通用结构体系，其中通用结构体系为专用结构体系的发展提供了基础，使得专用结构体系在此基础上结合具体的建筑功能和性能进一步完善发展而成的。

剪力墙结构、框架结构及框架—剪力墙结构构成了现浇结构和装配整体式混凝土结构的三个大类。在选择不同的结构体系时可依据具体工程的高度、体型、平面、设防烈度、抗震等级及功能特点来确定。

1. 框架结构

（1）主要组成

梁和柱的连接组成了框架结构的主体。通常会将柱梁的交会节点做成钢接，有时也会做成铰接或半铰接的节点，柱的底部一般设计成固定支座，特殊情况下也可设计成铰支座。为了梁柱结构受力均匀，框架柱应上下对中、纵横对齐，框架梁应对直拉通，梁和柱的轴线应在同一竖向的平面内。框架结构有时也可以做出内收、梁斜、缺梁的布置，这样做可以达到建筑造型和使用功能的要求（如图 2-1-1 所示）。

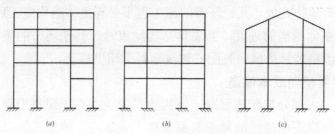

图 2-1-1 框架结构示例

（a）缺梁的框架；（b）内收的框架；（c）有斜梁的框架

（2）平面布局

框架结构的布置要满足各方的需求：既要考虑到建筑平面的布置，又要满足生产施工的要求，同时又要使施工方便、结构受力要合理、工程造价要节约、施工进度要加快。构件的最大重量和最大长度，要满足吊装和运输设备的条件允许范围内，构件尺寸的标准化、模数化并尽可能地减少构件的规格种类，以提高生产效率和满足工厂化生产的要求。这些因素在建筑设计和结构布置当中都是要考虑到的。

柱网尺寸宜统一，跨度大小和抗侧力构件布置宜均匀、对称，尽量减小偏心，减小结构的扭转效应，并应考虑结构在竖向荷载作用下内力分布均匀合理，各构件材料强度均能得到充分利用。柱网的开间和进深，一般为 4 ～ 10m。设计应根据建筑使用功能的要求，结合结构受力的合理性、经济性、方便施工等因素确定。较大柱网（如图 2-1-2（a）所示）适用于建筑平面有较大空间的公共建筑，但将增大梁的截面尺寸。小柱网（如图 2-1-2（b）所示）梁柱截面尺寸较小，适用于旅馆、办公楼、医院病房楼等分隔墙体较多的建筑。按抗震要求设计的框架结构，过大的柱网尺寸将给实现强柱弱梁及延性框架增加一定难度。

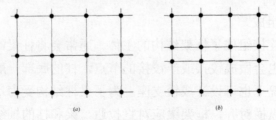

图 2-1-2 柱网布置示意

（a）大柱网；（b）小柱网

（3）平面布置

框架结构主要承受竖向荷载，按楼面竖向荷载传递方向的路线不同，承重框架的布置方案有横向框架承重、纵向框架承重和纵横向框架混合承重等几种。

①横向框架承重方案

在横向布置框架承重梁是横向框架承重的方案，在纵向布置连系梁（如图 2-1-3（a）所示），楼面的竖向荷载由横向梁传至柱。横向框架往往跨数小，为了利于提高建筑物的横向抗侧刚度，要求主梁岩横向布置。为了利于房屋内的通风和采光，按构造要求纵向框架要求布置较小的连系梁。

②纵向框架承重方案

纵向布置框架承重梁是纵向框架承重的设计方案，在横向布置连系梁（如图 2-1-3（b）所示）。为了利于设备管线地穿行，横向梁要求高度较小，这样楼面荷载可由纵向梁传至柱；如果房屋纵向的物理力学有较明显的差异时，房屋的不均匀沉降可以通过纵向框架的刚度来调整。如果在房屋纵向的物理力学有较明显的差异时。预制板的长度限制了进深尺寸，房屋的横向抗侧刚度差，这些是纵向框架承重方案的缺点。

③纵横向框架混合承重方案

纵横向框架混合承重方案是在两个方向均需布置框架承重梁以承受楼面荷载。预制板楼盖布置如图 2-1-3（c）所示，当楼面上作用有较大荷载，或楼面有较大开洞，或当柱网布置为正方形或接近正方形时，常采用此种方案。纵横向框架混合承重方案具有较好的整体工作性能，有利于抗震设防。

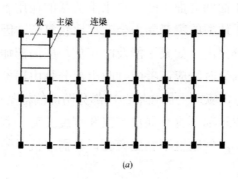

(a)

图 2-1-3 承重框架布置方案

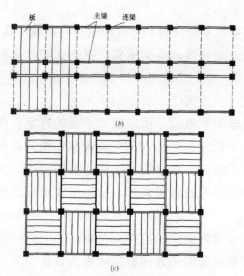

图 2-1-3 承重框架布置方案（续）

（a）横向框架承重方案；　（b）纵向框架承重方案；　（c）纵横向框架混合承重方案

（4）框架结构的竖向布置

框架沿高度方向各层平面柱网尺寸宜相同，框架柱宜上下对齐，尽量避免因楼层某些框架柱取消而成竖向不规则框架，如因建筑功能需要造成不规则时，应视不规则程度采取加强措施，如加厚楼板、增加边梁配筋等。高烈度地震区不宜采用或慎用此类竖向不规则框架结构。

框架柱截面尺寸宜沿高度方向由大到小均匀变化，混凝土强度等级宜和柱截面尺寸错开一、二层变化，以使结构侧向刚度变化均匀。同时应尽可能使框架柱截面中心对齐，或上下柱仅有较小的偏心。

（5）结构的体型规则性

建筑体型在平面和立面上时，在水平荷载的作用下，平面和立面不规则的体型，由于体型的突变受力会变得比较复杂，因此应尽可能地避免刚度突变和部分突出。如果不能及时避免，应局部加强结构布置。房屋平面上有突出部分时，应该考虑到凸出部分是由局部振动在地震力的作用下引起的内力，应适当加强沿凸出部分两侧的框架梁和柱。

因此，在房屋顶部不宜有局部突出和刚度突变。若不能避免时，凸出部位应逐步缩小，使刚度不发生突变，并需作抗震验算。凸出部分不宜采用混合结构。

2. 剪力墙结构

（1）剪力墙结构的特点

采用钢筋混凝土剪力墙（用于抗震结构时也称为抗震墙）承受竖向荷载和抵抗侧向力的结构称为剪力墙结构，也称为抗震墙结构。

合理设计的剪力墙结构具有整体性和抗震性良好的特点，承载力及侧向刚度大。剪力墙在历次地震中震害一般比较轻。剪力墙由于受楼板跨度的限制，一般把开间设计成3～8m，比较适用于住宅、旅馆等建筑物。剪力墙结构的建筑物适用高度范围较大，可应用于多层及30～40层。

（2）剪力墙的结构布置

装配整体式剪力墙的结构布置要求与现浇剪力墙基本一致，宜简单、规则、对称，不应采用严重不规则的平面布置。

剪力墙在平面内应双向布置，剪力墙的门窗布置一般需开洞设计，成列布置，洞口应上下对齐，具有规则，避免出现错洞墙，这样有助于形成联肢性剪力墙。

高层装配整体式剪力墙结构一般采用现浇结构来对底部进行加强，主要是考虑了以下因素。

①底部加强部位的剪力墙构件截面大且配筋多，预制结构接缝及节点钢筋连接的工作量很大，预制结构体现不出优势。

②高层建筑的底层布置往往由于建筑功能的需要，不太规则，不适合采用预制结构。

③在侧向力作用下，剪力墙结构的侧向位移曲线呈弯曲型，即层间位移由下至上逐渐增大，在墙肢底部一定高度内屈服形成塑性铰，因此，底部加强区对结构的整体抗震性能很重要。顶层一般采用现浇楼盖结构，这保证了结构的整体性。高层建筑可设置地下室，这提高了结构在水平力作用下抗滑移、抗倾覆的能力；地下室采用装配整体式并无明显的成本和工期优势，采用现浇结构既可以保证结构的整体性，又可提高结构的抗渗性能。

剪力墙等预制构件的连接部位宜设置在构件受力较小的部位，预制构件的拆分应便于标准化生产、吊装、运输和就位，同时还应满足建筑模数协调、结构承载能力及便于质量控制的要求。

3. 框架—剪力墙结构

框架—剪力墙结构计算中采用了楼板平面刚度无限大的假定，即认为楼板在自身平面内是不变形的。水平力通过楼板按抗侧力刚度分配到剪力墙和框架。剪力墙能承受大部分的水平力，刚度较大，因而在地震作用下，剪力墙是框架—剪力墙结构的第一道防线，框架是第二道防线。

（1）装配整体式框架现浇剪力墙结构，要符合对装配整体式框架的要求，剪力墙宜对称布置，各片墙的刚度宜接近，长度较长的剪力墙宜设置洞口和连梁形成双肢墙或多肢墙，各层每道剪力墙承受的水平力不宜超过相应楼层总水平力的 40%。抗震设计时结构两主轴方向均应布置剪力墙，梁与柱、柱与剪力墙的中心线宜重合，当不能重合时，在计算中应考虑其影响，并采取加强措施。

（2）装配整体式框架—现浇剪力墙结构中，剪力墙厚度不应小于层高或无支长度的 1/20，厚度不宜小于 160mm；墙体在楼层处宜设置暗梁，如果剪力墙有端柱时，并且暗梁不宜小于 400mm 和墙厚两者中的较大值的截面高度；剪力墙底部加强部位的厚度不应小于层高或无支长度的 1/16，且不应小于 200mm。同层框架柱要与端柱截面相同，底部加强部位的剪力墙端柱和剪力墙洞口紧靠的端柱应该沿全高加密箍筋，再按照柱箍筋加密区的要求。

（3）纵向剪力墙宜布置在结构单元的中间区段内，当房屋纵向长度较长时，不宜集中在两端布置纵向剪力墙，纵向剪力墙宜组成 L 形、T 形等形式，以增强抗侧刚度和抗扭能力。在对剪力墙进行抗震设计时，应在使结构各主轴方向的刚度相接近来对剪力墙进行布置，并做到尽可能地减小结构的扭转变形。框架—剪力墙结构在满足基本振型地震作用下，布置数量足够的剪力墙，框架部分所承受的地震倾覆力矩不应超过结构总倾覆力矩的 50%。

二、装配式木结构

我国木结构建筑历史可以追溯到 3500 年前。1949 年新中国成立后，砖木结构凭借就地取材、易于加工的突出优势在当时的建筑中占有相当大的比重。20 世纪七八十年代由于森林资源的急剧下降、快速工业化背景下钢铁、水泥产业的大发展，我国传统木结构建筑应用逐渐减少，各大院校陆续停开木结构课程，对于木结构的研究与应用一直处于停滞状态。加入 WTO 后，技术交流和商贸活动增加，使得与国外木架构建筑领域的交流变得频繁。我国在 1999 年成立木结构规范专家组，开始对《木结构设计规范》GB50005-2003 进行全面的修订。从 2001 年起，木结构建筑的发展进入春天，由于我国对木材的进口实行了零关税的优惠政策，使得众多的国外企业开始进驻中国市场，同时，现代木结构建筑技术也被引进了中国，使得中国的木结构技术得到了长足的发展[1]。

同时，木结构建筑发展的政策环境不断优化，在最新发布的几个国家政策文件中分别提出在地震多发地区和政府投资的学校、幼托、敬老院、园林景观等新建低层公共建筑中采用木结构。低层木结构建筑相关标准规范不断更新和完善，逐渐形成了较为完整的技术标准体系。国内科研所与国际有关科研机构，积极开展木结构建筑耐久性等相关研究，取得了较为丰富的研究成果。全国也建设了一批木结构建筑技术项目试点工程，上海、南京、青岛、绵阳等地的木结构项目实践为技术、标准的完善积累了宝贵经验，也为木结构建筑在我国的推广奠定了基础，全国也培育了一批木结构建筑企业。装配式木结构的特征有以下几点。

（1）建造过程由木工（干作业）完成，施工误差小、精度高，施工现场污染小。

（2）木结构采用六面体"箱式"结构设计原理，在抗击外力时具有超强的稳定性，所以，其具有突出的抗地震性能。

（3）由于木材自身具有重量轻的特点，设计基本为大梁与楼面混为一体，能提供住宅使用的方便性最大化，得房率高，空间布局灵活，适合定制式住宅。

（4）结构用材为木材，具有配套材料和部件的技术合理性强、产业化程度高及施工工艺先进等特点，因而在透气性、无线信号及磁场穿透性、翻新、置换和改造等方面有优越性。

（5）碳排放量最低，最具节能环保性。

（6）由于木材具有极大的热阻，抗击热冲击的性能很好，不会出现冷热桥现象，隔热效果好，运营能耗低。

（7）内墙采用石膏板，石膏板具有储水、释水特性，室内空气潮湿时以结晶水的形式吸收空气中的水分，当室内空气干燥时就释放一些结晶水湿润空气。材料天然地起到调节湿度的效果，加之门窗良好的密闭性，以起到极好的防潮和隔声效果，舒适度高。

---

[1] 范幸义. 装配式建筑 [M]. 重庆：重庆大学出版社，2017，第 77 页.

（8）产业化生产最大限度地减少在工地的操作和施工，现场工作量少，主要是组装，施工简单，除基础外，基本避免湿作业。施工周期大大缩短，一幢300平方米的建筑，8～12个专业工人70个工作日即可完成连装修在内的所有工程，达到入住条件。

（9）木材产自天然，对环境没有二次污染，有利于保护环境，对居住者来说是一种健康和舒适的绿色建筑。

（10）将有利于速生丰产用材林的快速发展，"有利于建材企业原料的供应"，又有益于生态建设的发展。

三、装配式钢结构

我国钢结构建筑发展起步于20世纪五六十年代，60年代后期至70年代钢结构建筑发展一度出现短暂滞留，80年代初开始，国家经济发展进入快车道，政策导向由"节约用钢"向"合理用钢"转变。进入21世纪以来，《国家建筑钢结构产业"十三五"规划和2015年发展规划纲要》《国务院关于钢铁行业化解过剩产能实现脱困发展的意见》《中共中央国务院关于进一步加强城市规划建设管理工作的若干意见》等政策文件相继出台，"合理用钢"转型为"鼓励用钢"，钢结构建筑进入快速发展时期。发展钢结构建筑是建筑行业推进"供给侧改革"的重要途径，是推进建筑业转型升级发展的有效路径。钢结构建筑具有安全、高效、绿色、可重复利用的优势，是当前装配式建筑发展的重要支撑。

（一）装配式钢结构的优点

钢结构住宅与传统的建筑形式相比，具有以下优点。

（1）重量轻、强度高。用钢结构建造的住宅重量，由于是用新型建筑材料作围护结构，应用钢材作承重结构，所以其重量大约是钢筋混凝土住宅的二分之一，既降低了基础工程造价，又减小了房屋自重。房屋住宅的使用面积可以大大增加，由于竖向受力构件占据相对较小的建筑面积，同时钢结构可以满足用户的不同要求，且住宅采用大进深、大开间，所以可以灵活地分隔出大空间来为住户使用。

（2）符合产业化要求，工业化程度的提高。钢结构住宅的结构构件安装比较方便，大多在工厂制作，适宜进行大批量的生产，这使得传统的从"建造房屋"模式到现代的"制造房屋"的模式得到了彻底地改变，在促进生产力发展的同时，使住宅产业的集约化发展更进一步。

（3）施工周期短。一般情况下一层建筑只三、四天就可以，快的只需一两天即可。钢结构住宅体系，大多采用的是在专门的部件工厂制作构件，在现场进行安装，这种建筑方式使得现场作业量大大减少，因此就大大缩短了施工周期，这样也就相应地减少了由于施工过程中所产生各项现场费用、以及现场资源消耗、噪声和扬尘，既做到了节能减排，又做到了绿色环保。且一般可将工期缩短二分之一，与钢筋混凝土结构相比起来，加快了资金的周转率，提前发挥投资效益，将建设成本降低了 3%～5%。

（4）抗震性能好。钢结构建筑能大大提高了住宅的安全可靠性，因为钢材是弹性变形材料。钢结构可以大大改善了抗震性能和受力性能。由于较高的强度、较好的延展性、自身的重量较轻，从国内的震后住宅倒塌的数量统计来看，钢结构的数量很少。

（5）顺应了建筑节能的发展方向。钢结构建筑减轻了对不可再生资源的破坏，资源得到了保护。框架用钢材在制作围护结构时用保温墙板来制作，这样就把黏土砖取代了，并且使得水泥、砂、石、石灰的用量大大减少了。这样现场施工环境由于湿法施工的减少而变得好了。同时，钢材是属于回收再利用的建材，在建造和拆除时都不对环境造成太大的污染，属于绿色环保建筑材料，节能指标可达 50% 以上。[①]

（6）钢结构在住宅中的应用，不仅为我国钢铁工业打开了新的应用市场，还可以带动相关新型建筑材料的研究和应用。

（二）装配式钢结构的缺点

1. 钢结构耐热不耐火

钢材的强度当钢表面温度在 150℃ 以内时变化很小。但钢的耐火性能非常差，这是钢结构最致命的弱点，温度的变化对钢的内部晶体组织会产生很大的影响，钢材性能会随着温度升高或者降低发生变化，钢结

---

① 崔瑶，范新海.装配式混凝土结构 [M].北京：中国建筑工业出版社，2017，第 101 页.

构会失去承载力，当温度在 450℃～650℃时，发生火灾时，钢结构的耐火时间较短，会发生突然的坍塌。对有特殊要求的钢结构，要采取隔热和耐火措施。

2. 钢结构易锈蚀、耐腐蚀性差

钢材在潮湿环境中，特别是处于有腐蚀性介质的环境中容易锈蚀，需要定期维护，因而增加了维护费用。

（三）超轻钢建筑

目前还有一种超轻钢结构，除了具备装配式混凝土结构绿色环保的特点外，由于其材质的特殊性，超轻钢结构还有以下特点。

1. 智能高精度

超轻钢结构采用国际最为先进的全智能化数控制造设备加工制造，生产制作全过程由以电脑软件控制的专业设备完成。保证构件制造的精确度误差在人工难以达到的半毫米以内。

2. 高强、轻便、更节材

超轻钢结构所选用的钢材强度为 550MPa 的高强度钢材（是传统钢材强度的一倍以上），所以其结构满足安全稳定性的情况下用料更为轻薄，用钢量更为节约（结构用料最薄可以达到 0.55mm）。

3. 防腐蚀

超轻钢结构所采用的钢带为 A2150 的镀铝涂层，该涂层具有切口自愈功能，经测试镀铝涂层的钢材防腐蚀性是同样克重热镀锌涂层钢材的四倍以上，其结构体系使用了终身防腐的不锈钢铆钉及达克罗涂覆的螺钉紧固，所以其结构寿命可达百年以上。

4. 工期短

超轻钢结构采用智能化预加工，工业化程度更高，所以现场的作业大大减少，200m² 的结构在施工现场的装配工期可以控制在 3 个工作日内完成，节约了大量的结构拼装人工费用以及物流费用。

5. 薄墙体，大空间

超轻钢结构建筑套内使用面积高出传统结构约 8%～13%，使用率高。墙体厚度为 160mm 以内，约为传统结构的 1/2～1/3；内隔墙厚度为 120mm 之内，约为传统结构分室墙的 1/2；楼面采用桁架式楼面，

可方便隐蔽敷设空调及水电管路，楼面板无主梁，净空高度可提高约
100 ～ 200mm。

6. 抗震、抗风性能卓越

超轻钢结构自重轻（约为传统砖混结构的 20%），可大幅度减少基
础造价，尤其适用于地质条件较差的地区，地震反应小，用于结构抗震
措施的费用少，适用于地震多发区；抗震性能达到九度，抗风荷载可达
13 级。

7. 防火性能

防火墙体、楼板具有 0.5h 耐火能力，特殊要求可满足 2h 二级耐火
要求。

8. 隔声性能优良

超轻钢体系具有非常良好的隔声品质。多层复合的外墙、层间结构
计权隔声量大于 45dB，相当于四级酒店标准；厚度 300mm 以上的隔声楼
面系统计权标准撞击声压小于 65dB，相当于五级酒店的标准。

9. 保温隔热性能卓越

超轻钢结构采用整体六面（四面墙、天花、地面）外保温，有效防
止了冷、热桥效应，避免了墙体结露现象，保温性能好。

10. 高舒适度

超轻钢结构房屋除隔声、保温隔热性能作为基本保障性能外，与木
结构一样具有恒温、恒湿、舒适性能。因为其工法均为干式作业，墙体
及屋顶采用了纸面石膏板作为内围护基层墙板，因纸面石膏板可以储存
超过它体积九倍分子大小，在梅雨季节储存水分，在干燥季节释放水分，
材料天然地起到调节湿度的效果；整个外墙敷设单向防风透气膜，达到
防风防水的效果，还可以有效地将墙体内部的湿气有效排出。

第二节　装配式建筑结构设计技术

一、装配式建筑设计技术

装配式建筑设计从设计概念上说，应该和建筑工程设计的传统概念是一致的。设计包括规划、建筑、结构、给排水、电气、设备和装饰。从设计流程上分为方案设计、初步设计和施工图设计。装配式建筑设计的原理和传统设计是相同的，但由于装配式建筑的构件是在工厂生产，工厂生产必须有一定的规模，所以构件要标准化。因此，装配式建筑设计实际上和传统的建筑设计有很大的区别。传统建筑设计是按建筑工种分别设计后再作工种设计之间的协调，而装配式建筑设计是把工种设计进行集成，进行统一的集成化设计，从而为装配式建筑的构件集成化生产奠定基础[①]。

装配式建筑的建筑设计和传统的建筑设计的理念是一样的。当建筑规划设计完成后，根据设计要求来进行建筑设计。先进行建筑方案设计，方案通过以后，进行建筑初步设计。在建筑初步设计的过程中，与传统设计的方法和使用的计算机软件有很大的不同，现在装配式建筑设计都要求采用建筑信息化软件。BIM 是建筑信息化管理软件，包含了建筑工程的所有工程实施过程管理。装配式建筑的设计是从 BIM 软件的建筑设计模块开始的，是按装配式建筑的建造流程来实施的。

（一）装配式建筑整体设计

装配式建筑的整体建筑设计按传统的建筑设计的理念，考虑用户的需求、建筑的功能、建筑的体量、立面的美观和环境的融合度等因素。但是在作具体的平面、立面、剖面和构造详图设计时和传统的建筑设计就完全不一样。一般作建筑整体设计时可以采用草图方式，先手绘建筑草图，根据草图在 BIM 软件的建筑设计模块上先作建筑构件设计，构件设计完成后，根据设计要求把构件组装成三维建筑整体模型，从而生成建筑的平面、立面和剖面图。装配式建筑的建筑设计流程如图 2-2-1 所示。

---

① 朱维香.BIM 技术在装配式建筑中的应用研究 [J]. 山西建筑，2016（5）：227~228.

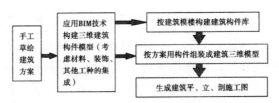

图 2-2-1 装配式建筑设计流程示意图

装配式建筑的模型包含有关装配体、单个设备、子装配体的全部数据，是一个名副其实的建筑信息模型。这些数据和三维模型的数据都包含在一个统一的建筑信息模型中，他们之间是相互联系的，同时对装配的程序、怎样装配装配体都会有一个详细的说明。在设计装配式建筑的过程中，要包含有对建筑构件的设计、构件装配工艺、构件生产工艺、构件维护工艺人员后期的参与。这些都可以通过 BIM 软件进行仿真模拟得到满意的结果。

1. 平面设计要点

装配式建筑的设计与建造是一个系统工程，需要整体设计的思想。平面设计应考虑建筑各功能空间的使用尺寸，并应结合结构构件受力特点，合理地拆分预制构配件。在满足平面功能需要的同时，预制构配件的定位尺寸还应符合模数协调和标准化的要求。

装配式建筑平面设计应充分考虑设备管线与结构体系之间的协调关系。例如：住宅卫生间涉及建筑、结构、给水排水、暖通、电气等各专业，需要多工种协作完成；平面设计时应考虑卫生间平面位置与竖向管线的关系、卫生间降板范围等问题。同时还应充分考虑预制构件生产的工艺需求。

2. 立面设计要点

（1）预制混凝土具有可塑性，便于实现不同形状的外挂墙板。同时，建筑物的外表面可以通过饰面层的凹凸、虚实、纹理、色彩、质感等手段，实现多样化的外装饰需求；结合外挂墙板的工艺特点，建筑面层还可方便地处理为露骨料混凝土、清水混凝土，从而实现建筑立面标准化与多样化的结合。在生产预制外挂墙板的过程中可将外墙饰面材料与预制外墙板同时制作成型。带有门窗的预制外墙板，其门窗洞口与门窗框间的密闭性不应低于门窗的密闭性。

（2）预制外墙板的各类接缝设计应构造合理、施工方便、坚固耐久，并结合本地材料、制作及施工条件进行综合考虑。

外挂墙板的板缝处，应保持墙体保温性能的连续性。对于夹心外墙板，当内叶墙体为承重墙板，相邻夹心外墙板间浇筑有后浇混凝土时，在夹心层中保温材料的接缝处，应选用 A 级不燃材料保温材料，如岩棉等填充。

材料防水是靠防水材料阻断水的通路，以达到防水的目的。用于防水的密封材料应选用耐候性密封胶；接缝处的背衬材料宜采用发泡氯丁橡胶或发泡聚乙烯塑料棒；外墙板接缝中于第二道防水的密封胶条，宜采用三元乙丙橡胶、氯丁橡胶或硅橡胶。

构造防水是采取合适的构造形式阻断水的通路，以达到防水的目的。如在外墙板接缝外口设置适当的线型构造（立缝的沟槽，平缝的挡水台、披水等）形成空腔，截断毛细管通路，利用排水构造将渗入接缝的雨水排出墙外，防止向室内渗漏。

（二）装配式建筑构件设计

装配式建筑要坚持规范化、模数化的原则，在对预制构件的设计中，保证构件的规范化和精确化，减少构件的种类，降低工程造价的成本。采用现浇施工形式来应对预制装配式建筑中的异形、降板、开洞多等位置。要注意构件成品的生产可行性、安全性和方便性。在对预制钩件进行设计时，如果预制钩件的尺寸过大，应适当结合当地建筑节能的要求，合理地增加构件脱模数量和预埋吊点。空调和散热器安装是否得到满足取决于预制外墙板的设计结构是否合适。应尽可能地选取容易安装、自重轻、隔声性能好的隔墙板来作为建筑构造中非承重内墙。预制装配式建筑室内应结合应力的作用灵活划分，保证主体构造与非承重隔板连接的可靠性与安全性。

预制装配式建筑内装修设计要遵循的原则是部件、装修、建筑一体化，依据国家对部件系统设计的相关规范，预制构件应达到安全经济、节能环保的要求，同时，根据规范相符的部件要成套供应并完成集成化的部品系统。通过对构件与部品参数、接口技术、公差配合的优化来实现和完善构件与部品之间的通用性和兼容性。预制装配式建筑的内装修所要求的材料、设备、设施的使用年限要求，要按照现实环境下的使用状态来去衡量。在装修部品方面要以可变性和适应性为指导原则，做到简化后期的维护改造和安装应用工作。

由于构件的后期生产是一个集成化生产过程，同时还是一个批量生产过程，要有一定数量规模，才有经济效益。因此，装配式建筑的构件设计首先是建筑产品的标准化，也即是说建筑物基本上是统一标准的。构件生产标准化，构件设计首先要模数化和标准化，更要集成化。装配式建筑的构件设计如图 2-2-2 所示。

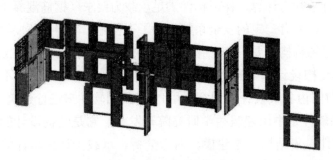

图 2-2-2　BIM 构件设计

装配式建筑构件集成设计，设计的墙板构件是由 4 层材料构成，第 1 层是内装饰层，第 2 层是结构层，第 3 层是建筑保温层，第 4 层是外装饰层。当组装成装配式建筑的墙体时，具有建筑外立面装饰、结构承重、节能和内装饰的功能。

装配式建筑采用 BIM 技术进行建筑构件的三维设计，可以一边设计一边把构件设计子图保存起来，构建一个装配式建筑的构件库。用构件组装建筑三维模型时可以选择构件库中符合设计要求的构件，避免构件的重复设计。

因为中国经济发展起步晚，建设量非常大、时间又特别集中，建筑工业化还处于相对落后的状态，尽管现在装配式建筑在住宅的发展上有了部分新气象，但是还没有形成规模和气候，产业链也不是非常完善，还需要进一步的支持与促进。

二、装配式结构设计技术

（一）整体结构设计

1. 传统的建筑工程结构设计

传统的建筑结构设计，首先根据建筑设计的要求确定一个结构体系，结构体系包括砌体结构、框架结构、剪力墙结构、框架—剪力墙结构、框架—核心筒结构、钢结构、木结构。当确定好结构体系后，根据结构体系估算构件的截面，包括柱、梁、墙、楼板。有了构件的截面后可以对构件加载应承担的外部荷载。对整个结构体系进行内力分析，保证结构体系中的各构件在外部荷载作用下，保持内力的平衡。在内力平衡的条件下，对构件进行承载力计算，保证构件满足承载力要求（钢筋混凝土构件有足够的配筋），并有一定的安全系数。为了工程施工需要，还要绘制结构施工图（满足结构构造要求），并对图纸进行审核，作为施工的文件。

现在结构设计都要采用计算机软件来实现，手工计算是不能满足要求的，目前国内各大设计院通常采用 PKPM 系列软件来进行建筑结构设计。PKPM 系列软件是中国建筑科学研究院开发的，它是结构设计的计算机辅助设计软件，集结构三维建模、内力分析、承载力计算、计算机成图为一体，从 1992 年开始就在国内开始应用。

2. 装配式建筑结构设计

装配式建筑的结构设计与传统的建筑结构设计有很大的区别。传统的建筑结构设计的图纸是针对施工单位（湿法施工），装配式建筑的结构设计的图纸（主要是构件施工图）是针对工厂（生产构件的生产线）。为了使构件生产达到设计要求，装配式建筑的结构设计应在建筑信息模型（BIM）平台上进行。其设计流程是：在 BIM 平台上，利用已经建立的建筑三维模型，用 BIM 中结构设计模块对装配式建筑进行整体结构设计。在结构设计中要考虑结构优化，可能对构件的截面尺寸和混凝土强度等级进行调整。当最终结构体系内力平衡和构件强度达到设计要求以后，建筑设计也可能有所改变，但建筑设计无须再进行设计调整。这就是 BIM 技术的优势。当装配式建筑结构整体设计达到设计要求后，不是按传统方法绘制施工，而是按构件设计要求绘制构件施工图。构件施工图被送到工厂进行构件批量生产。

（二）构件结构设计

装配式建筑构件的优点是众所周知的，它不仅是建筑施工工业化的标志，同时也为降低成本、节能减排作出不少贡献。近年来，混凝土预制构件在轨道交通领域广为应用，在房屋建筑中的需求量也逐渐增加。虽然行业前景不错，但混凝土预制品行业仍存在不足，其发展面临 3 个问题：第一，总体产能过剩，开工不足；第二，产品技术水平不高，产品质量差；第三，粉煤灰、沙、石等原料供应紧张。这与发达国家相比仍有很大差距。这种现象与该行业的生产模式及经济秩序是分不开的。虽然很多构件厂已具备相应的技术条件，但由于其与设计、施工单位联系不够紧密，没有良好的衔接管理模式，导致他们不能经济、高效地参与新型项目中，制约了其实现生产一体化。

通常来讲，现有混凝土预制构件设计体系有两种：一是设计单位从构件厂已生产的预制构件中挑选出满足条件的来使用；二是设计单位根据需求向构件厂定制混凝土构件。但这两种方式中都存在很多不足。首先，构件厂与设计单位沟通困难，联系不够紧密。国内大部分设计师设计时并没有充分考虑预制构件的因素，从而不能设计出好的预制装配式建筑作品，也就不能很好地利用已生产的构件类型，同时也从需求上限制了构件的生产。其次，广大构件厂不具备深化设计的能力，没有大量投入科技研发中，新品开发速度缓慢，造成了他们不能满足设计单位的定制要求，也制约了发展。

应用 BIM（建筑信息模型）技术，可以全方位解决装配式建筑的构件设计问题。它不仅提供了新的技术，更提出了全新的工作理念。BIM可以让设计师在设计 3D 图形时就将各种参数融合其中，如物理性能、材料种类、经济参数等，同时在各个专业设计之间共享模型数据，避免了重复指定参数。此时的 BIM 模型就可以用来进行多方面的应用分析：可以用它进行结构分析、经济指标分析、工程量分析、碰撞分析，等等。虽然目前在国内 BIM 的应用仍以设计为主，但实际上它的最大价值在于可以应用到构件的设计、生产、运营的整个周期，起到优化、协同、整合作用。装配式建筑构件结构设计主要包括以下几方面内容。

（1）构件设计：遵循《建筑结构荷载规范》（GB50009）、《混凝土结构设计规范》（GB50010）、《装配式混凝土结构技术规程》（JGJ1-2014）的要求，参考 15G365、15G366 等标准图集的规定要求。

（2）节点连接：剪力墙与填充墙之间采用现浇约束构件进行连接。剪力墙纵向钢筋采用"套筒灌浆连接"，I 级接头。预制叠合板与墙采用后浇混凝土连接。

（3）构件配筋：将软件计算及人为分析干预计算后的配筋结果进行钢筋等量代换，作为装配式混凝土预制构件的配筋依据。

（4）构件设计根据建筑结构的模数要求，对结构进行逐段分割。其中外墙围护结构划分出由"T···一···L"节点连接的外墙板节段；内墙分隔结构划分出由"T""一"节点连接的内墙板节段；其中走廊顶设置过梁；卫生间阳台采用降板现浇设计。装配式结构设计规划完成后，对原建筑外形重新进行修正，使建筑图符合结构分割需要。

（5）建立族库。根据预制构件所采用的钢筋型号、各类辅助件具体设计参数，建立各类钢筋和预埋件族库，方便建模时插入使用。例如：钢筋连接套筒、三明治板连接件、吊顶、内螺旋、线盒等。

（6）建立构件模型，有单向叠合板、双向叠合板、三明治剪力墙外墙板、三明治外墙填充板、内墙板、叠合梁、楼梯、外墙转角、空调板，共9种类型的预制板。

装配式建筑的构件设计是在结构整体设计的基础上，经过内力分析和强度计算（配筋计算），各结构构件已经有了配筋结果，然后送到工厂进行生产。

为了装配式建筑在组装时更加方便，可以把构件组合成部件，在工厂进行生产，例如阳台可以做成部件。

装配式建筑的构件生产以后，在指定的场地进行组装。为保证建筑的精度和构件连接的强度，还要进行构件的节点设计。节点设计的重点是既要保证构件的定位，又要保证构件之间连接的强度。因此，构件的节点设计要有构件的定位孔（或连接螺栓），又要有构件之间的连接钢筋。

装配式建筑的结构设计在进行整体结构内力分析、强度计算后，就可以进行构件设计。但是，进行构件设计时要考虑其他工种，包括水、电、装饰、通信等。完成集成化设计，最后由工厂进行生产。

第三节 装配式建筑应用

一、框架—剪力墙结构

龙信建设集团有限公司技术体系分两种，一是公建预制装配式技术：在100m以下公共建筑中采用装配整体式框架—现浇剪力墙结构体系，柱、梁、叠合板、楼梯、阳台预制装配，剪力墙现浇；二是住宅预制装配式技术：在100m以下住宅中采用的是装配整体式剪力墙结构体系，叠合板、楼梯、阳台预制，内外墙部分预制并采用套筒连接，暗柱部分采用预制外墙模（PCF），叠合层现浇；内隔墙采用预制成品拼装。

龙信老年公寓项目位于海门市新区龙馨家园小区，总建筑面积为21265.1m²，地上25层。本项目采用预制装配整体式框架—剪力墙结构，预制率为52%，总体装配率达到80%，全装修，项目整体取得了绿色二星证书。本工程是以现行设计规范和现有施工技术为基础，以合理控制成本、便于施工为原则，以绿色建筑、绿色建造为目标的预制装配整体式框架—剪力墙结构的创新工程。

项目技术创新之处主要表现在以下几个方面。

（1）在行业标准《预制预应力混凝土装配整体式框架结构技术规程》JGJ224-2010的基础上，优化了梁柱连接节点，使节点的抗震性能更可靠；

（2）楼板采用非预应力叠合板，预制板端另增设小直径连接钢筋，在满足板底钢筋支座锚固要求的前提下，方便了叠合板的吊装就位；

（3）采用CSI住宅建筑体系。随着我国建筑行业的不断发展和进步，传统的建筑模式已经满足不了行业发展的趋势。近些年来，装配式建筑在全国各地逐步发展。目前，装配式建筑在我国应用最多的还是在工业厂房（例如装配式钢结构工业厂房）建造方面。

（一）典型案例介绍

1. 基本信息

项目名称：海门市龙馨家园老年公寓项目；

项目地点：位于海门市龙馨家园项目，毗邻南海路、嘉陵江路；

开发单位：龙信集团江苏运杰置业有限公司；

设计单位：南京长江都市建筑设计股份有限公司；

深化设计单位：南京长江都市建筑设计股份有限公司；

施工单位：江苏龙信建设有限公司；

预制构件生产单位：龙信集团江苏建筑产业有限公司；

进展情况：已竣工验收投入使用。

2. 项目概况

本工程主体结构体系是预制装配整体式框架—剪力墙结构。为一类居住建筑，设计使用年限为50年，抗震设防烈度为6度。总建筑面积为21265.1m²，其中地上25层、面积18605.6m²，地下2层、面积2659.5m²，建筑高度85.200m，预制率为52%，总体装配率达到80%。全装修，项目整体取得了绿色二星证书，建造时间为2014年，建设周期为12个月，见图2-3-1、图2-3-2。

图 2-3-1 鸟瞰图　　　　　　图 2-3-2 外立面图

老年公寓项目获得以下成果：

（1）十二五国家科技支撑计划课题示范工程；

（2）江苏省首批建筑产业现代化示范项目；

（3）国家3A住宅性能、广厦奖候选项目；

（4）国内首批建筑高度达到80m以上的装配整体式混凝土建筑；

（5）国内首批采用CSI体系建造技术的装配式建筑，老年人卫生间为整体式卫浴产品、厨房为整体式集成厨房；

（6）国内首批绿色设计、绿色施工、绿色运营的装配式混凝土建筑。

3. 工程承包模式

项目采用 EPC 工程总承包模式，由建设单位将施工图设计、材料设备采购和工程施工全部委托给龙信建设集团，龙信建设集团通过对设计、采购、施工的统一策划、统一组织、统一协调和全过程控制，实现了设计、采购、施工之间合理有序交叉搭界，通过局部服务整体、阶段服从全过程的指导思想优化设计、采购、施工，将采购纳入设计程序，对设计可实施性进行分析，提高了工程整体质量，有效控制了投资。

（二）装配式建筑技术应用

1. 建筑专业

（1）标准化设计

龙信老年宾馆项目的建筑设计遵循装配式建筑"简洁、规整"的设计原则，平面布置简单、灵活，同时可根据实际功能使用要求进行平面布局调整。建筑平面柱网尺寸只有三种：8400mm×7100mm、8400mm×4900mm 及 8400mm×5400mm。由于柱网尺寸种类相对较少，柱梁截面种类减少，有利于建筑设计标准化，部品生产工厂化，现场施工装配化，土建装修一体化，过程管理信息化。十层以上原设计为单开间公寓房，后根据实际需求，大部分已调整为两开间公寓套房，经济效益明显，见图 2-3-3。立面在尊重原有建筑立面风格基础上，采用了清水混凝土，整个立面效果简洁、大方，充分体现了装配式建筑特点，别具一格，获得好评。

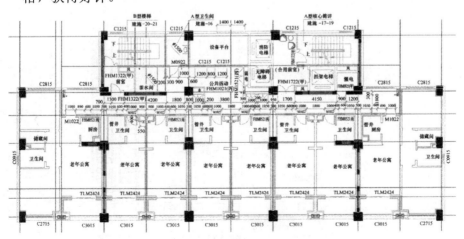

图 2-3-3 标准层平面布置图

（注：文林峰．装配式混凝土结构技术体系和工程案例汇编，第165页）

立面在尊重原有建筑立面风格基础上，采用了清水混凝土，整个立面效果简洁、大方，充分体现了装配式建筑特点，别具一格，获得好评。接缝构造处理到目前为止防水效果良好，用材也比较经济，取得良好经济效益，见图2-3-4。

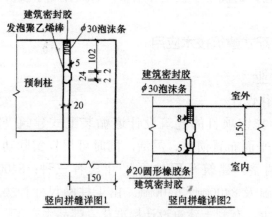

图 2-3-4 外挂墙板接缝大样

（注：文林峰．装配式混凝土结构技术体系和工程案例汇编，第165页）

（2）主要预制构件及部品设计

主要预制构件有：预制柱、预制梁、叠合板、预制楼梯、预制阳台与空调隔板、预制外墙挂板等，各构件详情见图2-3-5～图2-3-9。

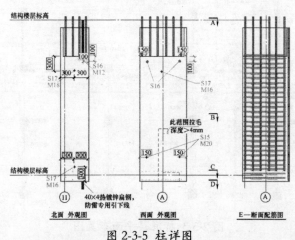

图 2-3-5 柱详图

（注：文林峰，装配式混凝土结构技术体系和工程案例汇编．第166页）

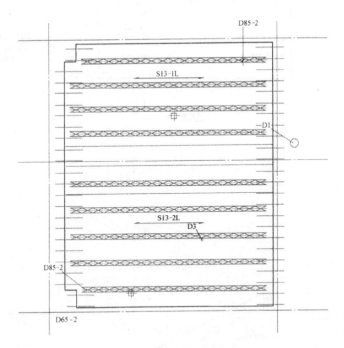

图 2-3-6 叠合板详图

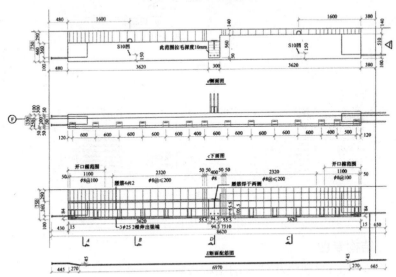

图 2-3-7 梁详图

（注：文林峰，装配式混凝土结构技术体系和工程案例汇编．第167页）

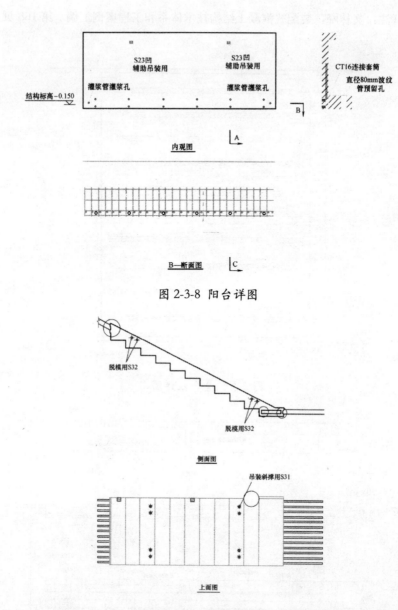

图 2-3-8 阳台详图

图 2-3-9 楼梯详图

2. 结构专业

（1）预制与现浇相结合的结构设计

主体结构设计：

龙信老年公寓项目为装配整体式框架现浇剪力墙结构，具有结构技术体少、经济效益高、建造工期短、绿色环保、安全高效、省人省力等优点，完全符合低碳、节能、绿色、生态和可持续发展等理念。

本工程地下二层以及 1～3 层，由于功能复杂及结构需要，采用传统现浇结构；4～24 层标准层采用预制装配式结构，标准层剪力墙采用现浇，与剪力墙相连的框架柱考虑到连接需要也采用现浇结构形式，其余构件采用预制。预制构件包括：预制柱、预制梁、叠合板、预制楼梯、预制阳台与隔板、外墙挂板（见图 2-3-10）。预制率达 53.6%。

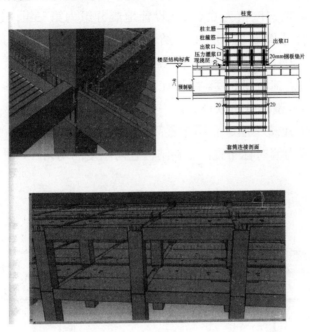

图 2-3-10 主体结构图

构件连接方式如下：

①预制柱与楼面预留钢筋的连接、主次（叠合）梁钢筋的连接、空调立板及阳台栏板与楼面预留钢筋的连接均采用灌浆套筒；

②主（叠合）梁搁置在框架柱子边 2cm，并在主叠合梁端部留设抗键槽，主（叠合）梁的主筋在柱头处连接采用梁底钢筋在柱内互锚加抗剪槽内附加 U 形钢筋的形式；

③主次（叠合）梁连接通常采用缺口梁方式，次梁端部采用缺口梁，截面抗剪、抗扭承载力均有所削弱，主（叠合）梁侧预留钢筋与次（叠合）梁现浇段钢筋采用灌浆直螺纹套筒连接；

④在构件安装完毕后，在叠合梁板上层钢筋绑扎，现浇叠合现浇层（C35），主次（叠合）梁节点位置、主（叠合）梁与柱子节点抗剪槽位置采用高标号 C60 膨胀混凝土浇筑，部分现浇剪力墙及框架柱采用 C35～C50 不等的混凝土浇筑，完成标准层的施工[①]。

（2）抗震设计

老年公寓抗震设防类别：标准设防类（丙类）。抗震设防烈度 6 度，设计基本地震加速度值为 0.05g，设计地震分组为第三组；建筑场地类别为Ⅲ类；特征周期 Tg=0.63s，结构阻尼比 0.05；多遇地震水平地震系数最大值 0.04，罕遇地震水平地震系数最大值 0.28。抗震措施烈度 6 度，抗震构造措施烈度 6 度。结构计算采用 PKPM 软件、理正结构工具箱、CSI 系列（结构整体分析软件）。

老年公寓建筑平面、立面布置简洁、规则，结构质量中心与刚度中心相一致，剪力墙对称布置，控制结构竖向刚度的均匀性，见图 2-3-11。

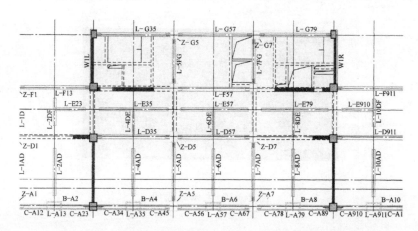

图 2-3-11 标准层结构平面布置图

（注：文林峰．装配式混凝土结构技术体系和工程案例汇编．第 170 页）

设计过程中严格控制柱的轴压比，柱子采用对称配筋，适当增加柱纵向配筋率，提高柱子延性；同时加强节点构造措施，达到"强柱弱梁""强

---

① 陈康海.建筑工程施工阶段的碳排放核算研究 [D]. 广州广东工业大学，2014.

剪弱弯"和"强节点弱构件"。

（3）节点设计

装配整体式框架结构梁柱节点采用湿式连接，即节点区主筋及构造加强筋全部连接，节点区采用后浇混凝土及灌浆材料将预制构件连为整体，才能实现与现浇节点性能的等同。预制构件柱采用高标号混凝土，强度及刚度大一些，而梁可采用低标号混凝土，强度及刚度适当弱一些，符合"强柱弱梁"的抗震设计要求。竖向构件预制柱之间采用套筒灌浆连接，框架梁接头与框架梁柱节点处水平钢筋宜采用机械连接或焊接。套筒灌浆连接具有连接简单、不影响钢筋、适用范围广、误差小、效率高、构件制作容易、现场施工方便等优点。采用套筒灌浆连接，能提高构件节点处的刚度，具有足够的抗震性能。

3. 水暖电专业

装配式混凝土预制构件中机电安装预埋是体现建筑工业化的一个重要组成部分，也是区别于传统安装方式的关键所在。

装配式建筑工程中，如何实现土建、安装、装修一体化；如何使机电安装的预留预埋提高使用率；如何降低机电安装在构件加工、安装的难度和提高预制构件中安装预埋的质量；如何保证机电安装各专业管路在预制构件中的准确性；如何缩短机电安装工程在预制构件装配式工程预埋的时间，使整体工程项目的工期缩短；如何满足工程质量及规范要求等问题，是工程建造过程中需重点解决的问题。

（1）提高机电安装在混凝土预制构件中的预留预埋的准确率

要使机电专业与装配式结构有效地结合，前提条件必须要所有设计前置，不能进行"三边"工程，而且后面的装修设计也必须要前置，有效地结合结构、机电、装修三方面进行综合考虑。以卧室布局设计为例，传统的建筑只考虑机电点位布局的存在，而后等精装修的图纸下来后，再对机电原预埋图和精装修的必要点位进行移位或增加。而装配式结构必须提前考虑到精装修的床宽、床头柜的高度、床对面电视机布置的位置等进行各方位的定位，在预制构件上进行实体性的预埋。

主体装配结构的协调技术中借助了BIM技术，先用软件将土建的模型基本构架建立起来，再进行装修布局的建模，而后再考虑机电专业的原始蓝图及装修后需要优化的管路进行建模，达到零碰撞，而后进行构件设计。这样的本意是让项目在模型中进行预安装，再结合各专业人员进行会审，使其在工程出现的各种问题都有效地在模型中得以解决。

（2）降低装配式结构机电预埋的安装难度

传统式的各种预埋都需由现场监理做隐蔽验收，然而如何在装配式结构中提高机电专业的施工质量是一个极其关键的问题，可以请现场监理去工厂对预制构件中的预留预埋管线进行验收核实，也可以组织人员进行系统的预制构件机电研究，如组织 QC 小组、集团技术质量小组等对装配机电安装进行研究，同时编制关于装配式结构的工法，确保机电安装在预制构件中的质量。简化预留套管在预制梁中的操作过程，传统的预留套管要进行焊接固定等，而在预制梁中采用了"装配式混凝土构件内机电管线预埋施工工法"，确保了其预留套管不要焊接也能固定，简化了施工工艺，同时也确保了质量。

（3）缩短装配式结构预埋预留的工艺时间

通过提高装配式预制梁内套管预留质量，可有效降低机电安装时间。采用集成卫浴、集成厨房，也可以有效降低装配工期。在预制板内，针对机电各类线盒的预埋，运用了红外线定位仪，把现有各类机电模型导入其装置，不需要人工一个个定位，只要符合模型进行红外扫射定位，定位好后进行人工复核就可，大大降低了工厂人工的需求。

预制构件生产过程中，由安装专业技术、施工人员配合，将线盒、管线等进行精确定位并预埋，与构件一次性浇筑成型。

4. 全装修技术应用

（1）装配式装修设计思路

装配式装修成品交付，在前期建筑设计阶段就需要考虑相关装修设计内容，同时需要有后期的采购、施工相关环节的统一支持，是一个全产业链的协同工作。

龙馨家园老年公寓项目是装配整体式框架—剪力墙结构体系全装修成品交付项目，在前期与业主沟通确认装修标准定位及技术体系后，需同采购管理部沟通装修部品件的选择，并结合成本部确定装修造价控制范围内的装修方案设计。

将业主确认的装修方案，提供给建筑设计单位，建筑设计单位结合装修方案是否可行反馈给装修设计单位，装修设计单位结合建筑反馈意见进行装修方案深化，装修部品件封样向业主方汇报装修设计最终方案，现场实施样板房确认装修效果，最终根据样板房批量装修施工。

龙馨家园老年公寓项目主要从以下几个方面进行全装修设计。

①确定装配式装修技术体系

老年公寓项目主要客户群体为老年人，在设计时充分考虑老年人生活习惯及需求，满足无障碍使用需求，工厂化装修实施。

　　a. 整体橱柜定制包括油烟机、灶具、洗菜池；

　　b. 整体卫浴定制包括洁具及无障碍设施；

　　c. 地板和门等部品的统一配置和装配化施工；

　　d. 固定、活动家具工厂化定制；

　　e. 预制构件图做好水电点位预留预埋的设计。

②装修材料部品件前置，标准部品与室内空间尺寸统一

所有装修材料部品件同采购部提前协调提供样品，在达到设计效果同时满足成本控制要求，部品件根据老年公寓室内房型空间尺寸合理定制。

③室内设计与建筑设计紧密互动，一步到位

确认室内装修方案后与建筑设计单位及时沟通，一步到位避免二次改动，室内装修实施前，样板先行，根据样板房设计效果局部调整完善达到最终批量实施要求。

（2）装饰装修部品件、重点装饰部位设计

在老年公寓项目装配式装修设计中，室内部品件及重点部位技术主要有以下几个方面：

　　①卫生间整体成品定制系统；

　　②厨房整体收纳橱柜；

　　③架空隔音地板系统；

　　④部品件模数化系统；

　　⑤室内各部位收口节点做法。

（3）总结

装配式全装修一体化设计把住宅装修设计与建筑设计同步实施，贯穿于整个建筑设计中，有利于实现住宅的生产、供给、销售和服务一体化的生产组织模式，节约设计成本，施工点位精确，减少了土建与装修、装修与部品之间的冲突和质量通病，设备配套精细化，提升了居住环境舒适度，保证了质量，节约了建造和装修成本，杜绝了二次浪费，节能环保，缩短工期，取得了较好的经济和社会效益。

二、叠合板式剪力墙结构

惠南万华城 23 号楼是宝业集团牵头在上海打造的装配式住宅示范工程，也是第一栋以 EPC 模式建造的装配式建筑。项目位于上海市浦东新区惠南新市镇，建筑面积 9775.24㎡²，地上 13 层，地下 1 层。工程采用双面叠合剪力墙结构体系，从设计理念到设计方法全部按照装配式建筑理念考虑。单体建筑混凝土预制率达到 50% 以上。

在此项目设计和建造过程中，充分体现了产学研结合的特点，将近年来装配式建筑的研究成果和示范工程相结合，实现成果的示范和转化。主要拥有以下创新点：适合上海本地的装配式住宅建筑结构体系、基于叠合楼板的全生命周期可变房型建筑设计技术、双面合剪力墙结构设计技术、预制装配式工业外墙防水技术、侧墙式同层排水技术、适老性室内设计等。

该项目以 BIM 信息化技术为平台，通过模型数据的无缝传递，串联设计和生产制造环节，并结合环境性能分析，对建筑物周围环境进行综合考虑，有效提升了建筑整体质量和性能。通过本项目的示范，促进住宅可变房型及标准化设计理念在实际工程中的应用，推进了装配式建筑的发展。

（一）典型工程案例简介

1. 基本信息

项目名称：上海浦东新区惠南新市镇 17-11-05、17-11-08 地块项目 23 号楼；

项目地点：西至西乐路，北至南六灶港，东至听潮路，南至宣黄公路；

开发单位：上海宝筑房地产开发有限公司；

设计单位：上海现代建筑设计（集团）有限公司；

深化设计单位：宝业集团上海建筑工业化研究院；

施工单位：浙江宝业建设集团有限公司；

预制构件生产单位：绍兴宝业西伟德混凝土预制件有限公司；

进展情况：于 2015 年 1 月完成主体结构施工安装工作。

2. 项目概况

上海浦东新区惠南新市镇 17-11-05、17-11-08 地块项目 23 号楼是装配式建筑示范项目，建筑面积 9755m^2，地上 13 层，地下 1 层。于 2014 年 5 月完成主要方案设计、施工图设计和管理部门评审工作，并随即开展预制构件生产和施工准备工作，于 2014 年 9 月开始结构吊装工作，2015 年 1 月完成主体结构施工安装工作，2015 年 6 月竣工并完成样板房装修，见图 2-3-12 ～图 2-3-13。在此期间接待了行业内众多同行和专家的考察交流。23 号楼采用了叠合式混凝土剪力墙结构体系，梁、阳台和楼梯等亦采用预制，预制率为 48.2%。

图 2-3-12 立面图

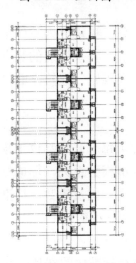

图 2-3-13 标准层典型单元平面图

（注：文林峰．装配式混凝土结构技术体系和工程案例汇编．第 97 页）

（二）装配式建筑技术应用

1. 建筑专业

23号楼作为装配式住宅的示范楼，地上总层数为13层，地下1层，标准层层高2.9m，总建筑高度37.7m，见图2-3-14。采用四梯八户共四个单元的户型设置，每单元1台电梯和1部疏散楼梯，地下一层为自行车库及设备用房。

图 2-3-14 23 号楼整体效果图

住宅房型设计以标准化、模块化为基础采用大空间可变房型设计。住宅顶层屋面采用现浇楼板，其余楼层的竖向构件、水平构件、楼梯、阳台均采用预制。建筑平面规则、建筑立面简洁明快，具有装配式建筑特点。

（1）标准化设计

该项目的户型为87m²，每个开间都位于模数网格内，开间尺寸满足模数化要求。设计基于标准模数系列，形成标准化的功能模块，设计了标准的房间开间模数，标准的门窗模数，标准的厨卫模块，并将这些标准化的建筑功能模块组合成标准的住宅单元。

（2）主要部品标准化设计

根据标准化的模块进行标准化的部品设计，形成标准化的楼梯构件、标准化的空调板构件、标准化的阳台构件，大大减少结构构件数量，为建筑规模量化生产提供基础，显著提高构配件的生产效率，有效地减少材料浪费，节约资源，节能降耗。

2. 结构专业

（1）预制与现浇相结合的结构设计

采用装配整体式剪力墙结构体系，主要预制构件包含叠合墙板、叠合楼板、叠预制阳台、预制空调板、预制楼梯。对 23 号楼单体内各类型的预制构件进行统计，单体建筑预制率为 48.2%。

（2）抗震设计

结构抗震分析采用了如下设计基本假定：

①在结构内力与位移计算时，叠合楼盖假定楼盖在其自身平面内为无限刚性；

②梁刚度增大系数按照《混凝土结构设计规范》GB50010-2010（2015年版）5.2.4 条执行，可根据翼缘情况近似取 1.3 ～ 2.0。

③水平荷载作用下，按照弹性方法计算的楼层层间最大位移角应满足《建筑抗震设计规范》GB 50011-2010（2016 年版）5.5.1 要求。

（3）节点设计

本工程叠合楼板采用密拼方式连接，预制板厚度为 50mm，现浇混凝土厚度根据楼板总厚度分为 90mm 和 130mm，接缝处附加板底通长钢筋。

双面叠合墙板水平和竖向接缝间应布置连接钢筋，连接钢筋直径和放置位置应与叠合墙板内分布筋相同，不允许放置单排连接钢筋。水平接缝处竖向连接钢筋放置于叠合墙板芯板层，上下交错 500mm 放置，且锚固长度不得小于 1.21aE；竖向接缝处水平连接钢筋放置于叠合墙板芯板层，锚固长度不得小于 1.21aE。

双面叠合墙板拼接节点处采用现浇，现浇节点区域应满足《装配式混凝土结构技术规程》JGJ1-2014 和《高层建筑混凝土结构技术规程》JGJ3-2010 相关规定。现浇节点和预制叠合墙板直接连接钢筋直径不应小于叠合墙板内分布筋。

本工程叠合墙板与现浇主体之间采用连接可靠、构造简单、施工便捷、防水性优异的标准化节点，如 L 形、T 形和一字形节点，如图 2-3-15 所示，配套模板同样标准化设计，达到降低施工难度、节约成本、提高效率的目的。

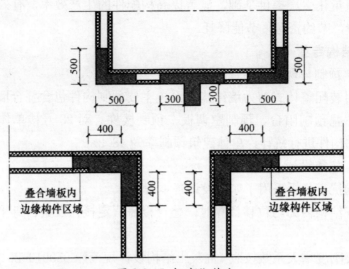

图 2-3-15 标准化节点

3. 水暖电专业

水暖电专业的集成是装配式建筑的重要内容，采用 BIM 软件将建筑、结构、水暖电专业通过信息化技术的应用，将水暖电点位与主体装配式结构实现集成化，并检测各专业间在生产、施工过程中的碰撞问题。

4. 全装修技术应用

本工程贯彻集成技术的应用，融入外墙一体化、同层排水系统、整体卫浴、预制装配式建筑干式内装系统等全装修技术。

外墙是建筑围护的重要组成部分，外墙一体化保证了建筑防水、防火、保温、安全及美观等一系列环节的施工质量。设计中尝试采用外保温的形式，在工厂尝试将外保温与叠合墙板预制成型，并在窗下口增设防水措施。外墙一体化的设计杜绝了长期以来保温板施工的各种缺陷。

同层排水系统的管道不穿过楼板，防止噪声对楼下住户的干扰；解决卫生死角，采用挂式洁具，方便清扫，彻底解决卫生间死角；个性化设计，不受坑距限制，避免上下卫生间须对齐的尴尬，卫生间布局自由；防渗漏，与建筑同寿命，性能优异的管道管材，且管材不受混凝土挤压，有效避免渗漏发生。

整体式卫浴系统采用定制化生产，工业化程度高；接缝少，全圆弧边角，布局合理，易清洗；施工效率高，两个工人一天即可安装一间卫生间；节能环保，不污染环境、不产生建筑垃圾，保温隔热性能优良；隔声降噪，整个卫浴间与主体分开，大大降低卫浴间噪声对周围环境影响。

5. 信息化技术应用

工程项目设计阶段：通过对专用 BIM 设计软件进行接口开发，将三维数字模型传输到系统平台上，各专业的设计人员通过密切协调完成装配式建筑预制构件各类预埋和预留的设计，并快速地传递各自专业的设计信息。通过碰撞与自动纠错功能，自动筛选出各专业之间的设计冲突，帮助各专业设计人员及时找出专业设计中存在的问题。

预制构件生产阶段：BIM 模型直接获取产品的尺寸、材料、钢筋等参数信息，所有的设计数据直接转换为加工数据，制定相应的构件生产计划，向施工部门传递构件生产的进度信息。在信息化平台上将信息模型与预制构件所有信息进行关联，有效地保证了预制构件的质量，建立起装配式建筑质量可追溯机制。

项目施工阶段：利用 BIM 技术进行装配式建筑的施工模拟和仿真，对施工流程进行优化；同时对施工现场的场地布置和车辆开行路线进行优化，减少预制构件、材料场地内二次搬运，提高垂直运输机械的吊装效率，加快装配式建筑的施工进度。

通过信息化平台将设计、生产、施工有机串联，形成一体化数字设计、机器化生产、信息化项目管理，提高工程项目数据资源利用水平和信息化管控能力，实现全专业的协同和集成，在设计、生产、施工和运营全生命周期中，发挥装配式建筑和信息化技术的高效搭配。

三、套筒灌浆连接方式

本项目采用装配整体式剪力墙结构体系，预制率 50%、装配率 70%。采用"深圳市保障性住房标准化系列化研究课题"标准层户型，标准化程度高，外墙节点做法充分结合深圳夏热冬暖气候特点，结合立面方案设计，具有一定创新性。工程采用 EPC 总承包管理模式＋装配式建造方式，从建筑、结构、水暖电到室内装修各个阶段，实行标准化、模数化和系统化管理，并将 BIM 等信息化技术贯穿整个项目建设始终，进一步保障了工程质量和进度。

（一）典型工程案例简介

1. 基本信息

项目名称：裕璟幸福家园；

项目地点：深圳市坪山新区坪山街道田头社区上围路南侧，深圳监狱北侧；

开发单位：深圳住宅工程管理站；

设计单位：中国建筑股份有限公司；

深化设计单位：中建建筑工业化设计研究院；

施工单位：中国建筑股份有限公司；

预制构件生产单位：广东中建科技有限公司；

进展情况：正在建设中。

2. 项目概况

深圳裕璟幸福家园项目建设地点位于深圳龙岗新区坪山街道。建设用地面积 $11164m^2$，总建筑面积 $64050m^2$（其中地上 $50050m^2$），共三栋塔楼，包括 1 号楼、2 号楼、3 号楼，总层数 $31 \sim 33$ 层，层高 2.9m，总建筑高度 98m，设防烈度 7 度（0.1g），采用装配整体式剪力墙结构体系，标准层预制率达 50%，装配率达 70%。图 2-3-16 和图 2-3-17 分别为本项目的总平面图和鸟瞰图。本文对本项目装配式建筑技术进行介绍。

图 2-3-16 总平面图   图 2-3-17 鸟瞰图

3. 工程承包模式

中建科技集团有限公司（简称中建科技集团），是中国建筑股份有限公司的全资子公司，以新型建筑工业化、建筑节能与环保、集成房屋、被动式建筑、未来建筑和新型建筑材料为核心业务，是集科研、设计、加工、建造、运营、服务和投资于一体的科技集团。依托中国建筑品牌、资金、技术以及人才等丰富资源，通过设计先导，技术引领；合理布局，系统联动；产业平台，区域经营；EPC五化一体总承包发展，建立中建具有自主知识产权的技术应用体系和装配式建筑平台。本项目采用国际通行的工程总承包（EPC）方式实施，工程总承包单位中建科技集团有限公司对工程项目的设计、采购、施工等实行全过程的承包，并对工程的质量、安全、工期和造价等全面负责。

（二）装配式建筑技术应用

1. 建筑专业

（1）标准化设计

①建筑设计

本项目为《深圳市保障性住房标准化系列化研究课题》的研究成果，如图 2-3-18 所示，13 栋高层住宅共计 944 户，采用 35m²、50m²、65m² 三种标准化户型模块组成，实现了平面的标准化。为预制构件设计的少规格、多组合提供了可能。

外立面设计特点：外墙角部构造体现装配式特点；与水平和垂直板缝相对应的外饰面分缝；装配式的外遮阳部品、标准化金属百叶（含标准化室外空调机架）；立面两种涂料色系的搭配等。

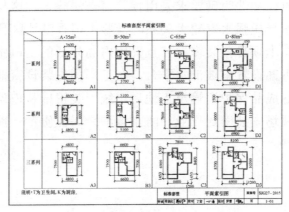

图 2-3-18 深圳市保障性住房标准化设计图集（选）

（注：文林峰．装配式混凝土结构技术体系和工程案例汇编．第 39 页）

②预制构件设计原则

本项目建筑户型的标准化设计为预制构件的设计奠定了很好的基础。结构设计执行《装配式混凝土结构技术规程》JGJ1-2014 相关规定，核心筒区域、底部加强区全部采用现浇，边缘构件区域采用现浇。预制楼梯采用一段滑动、一段固定。

预制构件设计拆分尽量满足少规格、多组合原则。1 号楼、2 号楼标准层，预制外墙板：9 种，33 块；预制内墙板：3 种，4 块；预制楼梯：2 种，2 块；预制叠合楼板：9 种，33 块。3 号楼标准层，预制外墙板：7 种，53 块；预制内墙板：5 种，18 块；预制楼梯：1 种，4 块；预制叠合楼板：9 种，86 块。

③ PC 外墙防水节点做法

施工图设计和构件深化设计时，充分尊重初步设计立面效果，结合当前成熟的三明治夹心剪力墙三道防水的节点做法，我们在 PC 外墙的周边外加 60mm 的外皮墙体，实现了格构式立面和防水企口的有效结合，为"三道防水"材料防水、构造防水、结构自防水创造了条件。典型 PC 外墙水平、竖直缝防水节点做法见图 2-3-19。

本项目处于夏热冬暖地区，节能要求不高，通过节能验算，南北外墙不需要做保温处理，仅仅对东西外墙进行内保温处理，内保温做保温砂浆 10mm。

④ PC 外墙窗节点防水做法

本项目招标文件明确要求采用预装窗框法施工，这与深圳当地雨水充裕，临海有压强水有较大关系。借鉴中国香港地区预装窗框节点的成熟做法，本项目预装窗框节点采用内高外低的企口做法，上部设置滴水槽，下部设置斜坡泄水平台，在工厂预先装设窗框，并打密封胶处理。做好成品保护运输至工地后，统一装窗扇和玻璃。有效控制质量，避免现场安装密封作业，防止渗漏，保证质量。预装窗节点见图 2-3-20。

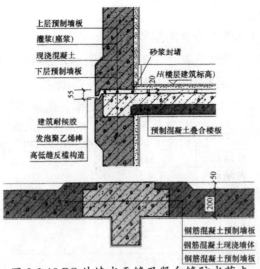

图 2-3-19 PC 外墙水平缝及竖向缝防水节点

图 2-3-20 PC 外墙竖向缝防水节点

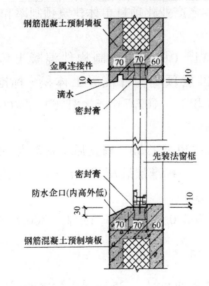

（2）主要预制构件及部品设计

根据标准化的模块，再进一步进行标准化的部品设计，形成标准化的楼梯构件、标准化的空调板构件、标准化的阳台构件，大大减少结构构件数量，为建筑规模量化生产提供基础，显著提高构配件的生产效率，有效地减少材料浪费，节约资源，节能降耗。

2. 结构专业

（1）预制与现浇相结合的结构设计

标准层预制率计算见表 2-3-1。如表所示，1 号、2 号楼标准层预制率约为 50%（含采用装配化的内隔墙部分）以上。

表 2-3-1　1#、2# 标准层预制率、装配率计算

楼栋编号	预制构件类型		标准层各类预制构件体积（m³）	标准层现浇混凝土体积（m³）	标准层现浇混凝土总体积（m³）
1 号 2 号	墙板	外墙板	32.6	69.85	137.55
		内墙板	4.5		
	预制叠合楼板		15.4		
	叠合梁		3.7		
	预制楼梯		3.5		
	阳台板及其他		4.3		
	小计		67.7		
	轻质混凝土条板体积		31.6		

按照《深圳市住宅产业化项目单体建筑预制率和装配率计算细则》计算：

标准层预制率 V1=（标准层预制构件混凝土体积 +0.5×轻质内隔墙体积）/（标准层预制构件混凝土体积 + 标准层现浇混凝土体积 + 轻质内隔墙体积）=（67.7+0.5×31.6）/（67.7+69.85+31.6）=83.5/169.15=49.3%

由于条板体积占比超过 7.5%，修正后预制率为 49.3%。

标准层装配率 S1=（标准层装配式工法构件总表面积）÷（标准层混凝土总表面积）×100%

=（760.8+0.5×455.0+0.5×557.2）/（760.8+455.0+557.2）=71.5%

（2）抗震设计

本工程的设计基准期 50 年，设计使用年限 50 年，建筑结构的安全等级为二级，住宅抗震设防类别为丙类，抗震设防烈度为 7 度，设计基本地震加速度为 0.10g，设计地震分组第一组，建筑场地类别按Ⅳ类，基本风压为 0.55kN/m²（50 年重现期 60m 以下），地面粗糙度 B 类。

3 栋塔楼均采用装配整体式剪力墙结构体系，剪力墙抗震等级为二级。结构嵌固部位为地下室顶板。结构设计按等同现浇的原则进行设计，

现浇部分地震内力放大 1.1 倍。预制构件通过墙梁节点区后浇混凝土、梁板后浇叠合层混凝土实现整体式连接。为实现等同现浇的目标，设计中除采取了预制构件与后浇混凝土交界面为粗糙面、梁端采用抗剪键槽等构造措施外，还补充进行了叠合梁斜截面抗剪计算、梁板水平缝抗剪计算、叠合梁挠度及裂缝验算等。

（3）节点设计

本项目采用成熟的装配式剪力墙结构体系设计，PC 墙与 PC 墙的水平连接、PC 墙与现浇节点的竖向连接、PC 墙与叠合板的连接、预制叠合梁与现浇墙节点的连接、预制叠合梁与叠合板的连接、预制楼梯节点连接等，均参考《桁架钢筋混凝土叠合板（60mm 厚底板）》15G366-1、《预制钢筋混凝土楼梯》15G367-1、《装配式混凝土结构连接节点构造》15G310-1、15G310-2 等图集。由于本项目采用内保温，外墙节点做法与国标图集的三明治夹心剪力墙的节点做法稍有区别，具体节点做法见图2-3-21 至图 2-3-23。

图 2-3-21 PC 外墙水平节点

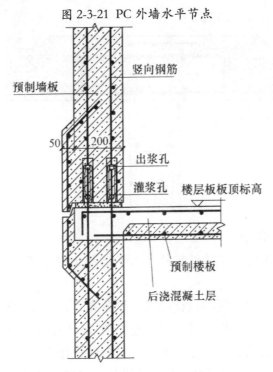

图 2-3-22 PC 外墙角部现浇节点

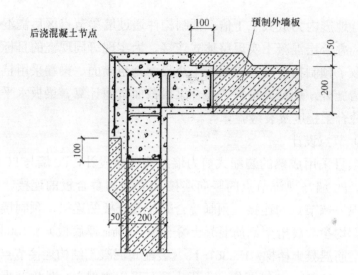

图 2-3-23 PC 外墙 T 形现浇节点

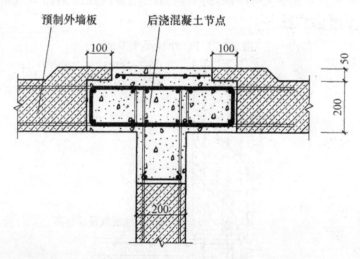

3. 水暖电专业

装配式建筑除了主体结构外，水暖电专业的协同与集成也是装配式建筑的重要部分。

装配式建筑的水暖电设计应做到设备布置、设备安装、管线敷设和连接的标准化、模数化和系统化。施工图设计阶段，水暖电专业设计应对敷设管道做精确定位，且必须与预制构件设计相协同。在深化设计阶段，水暖电专业应配合预制构件深化设计人员编制预制构件的加工图纸，准确定位和反映构件中的水暖电设备，满足预制构件工厂化生产及机械化安装的需要。

装配式住宅建筑采用集成式卫生间时，应根据不同水暖电设备要求，确定管道、电源、电话、网络、通风等需求，并结合机电设备的位置和高度，做好机电管线和接口的预留。

装配式住宅建筑采用集成式厨房时，应根据不同水暖电设备要求，确定管道、电源、电话、防排烟等需求，并结合机电设备的位置和高度，做好机电管线和接口的预留。

装配式建筑应进行管线综合设计，避免管线冲突，减少平面交叉；设计应采用 BIM 技术开展三维管线综合设计，对结构预制构件内的机电设备、管线和预留洞槽等做到精确定位，以减少现场返工。

4. 全装修技术应用

装配式项目和传统建筑项目不同，室内设计在建筑设计的初期就要同步考虑，包括家具摆放、装修做法等，然后通过装修效果定位各机电末端点位，然后精确反推机电管线路径、建筑结构孔洞预留及管线预埋，确保建筑、机电、装修一次成活，实现土建、机电、装修一体化。

5. 信息化技术应用

建筑工业化具有五大特点："标准化设计、工厂化生产、装配化施工、一体化装修和信息化管理，装配式建筑必须要围绕这五个方面实现创新发展和升级换代。它的创新在于标准化设计理念和方法的创新、工厂化生产技术和材料的创新；装配式施工工艺和工法的创新；一体化装修产品和集成的创新；信息化管理架构和手段的创新。其创新的核心是"集成创新"，BIM 信息化创新是"集成创新"的主线。这条主线串联起设计、生产、施工、装修和管理全过程，服务于设计、建设、运维、拆除的全生命周期。可以数字化虚拟、信息化描述各种系统要素，实现信息化协同设计、可视化装配、工程信息的交互以及节点连接模拟及检验等全新运用，可以整合建筑全产业链，实现全过程、全方位的信息化集成，EPC 总承包管理模式专业化程度高，可实现各方有效协同，提高工程效率及效益。EPC 总承包管理模式与装配式建筑有天然的结合优势。本项目将 EPC 模式与信息化技术相结合，旨在将 EPC 全产业链、全过程各个环节、各个参与部门的信息交换集成在一个平台上，通过信息的集成实现"信息化红利"。该平台主要的设计、生产、施工、管理信息的建立和交换在固定端实现，实时信息通过云平台交换，最主要的载体为轻量化信息模型及自动关联性的信息数据表单。该平台功能随着项目的进行根据项目特点不断修正深化。

（1）设计阶段BIM应用

在装配式建筑设计前期首先要考虑预制构件的加工生产和现场施工装配的问题，做好预制构件设计。传统方式下大多数情况都是在施工图完成以后再由构件厂进行"构件设计"，本项目在前期策划阶段就专业介入，确定好装配式建筑的技术路线，方案设计阶段根据既定目标，依据构件设计原则进行方案设计。避免由于方案不合理造成后期技术经济性的不合理，以及由于前后脱节造成的设计失误。

BIM信息化有助于建立上述工作机制，单个外墙构件的几何属性经过可视化分析，可以对预制外墙板的类型数量进行优化，减少预制构件的类型和数量。设计阶段建立了各专业的设计BIM模型，将建筑构件及参数信息等真实属性真实反映出来，事前确定好装配式建筑的技术体系和预制构件设计拆分原则，确定好设计方案，避免后期的反复修改，提高设计效率。在设计过程中可以及时发现问题，也便于甲方及时决策，避免事后再次修改。

本项目建立模块化的预制构件库，从构件库中提取各类构件，将不同类型的构件进行组装，完成整体建筑模型的建立。项目级构件库的构件种类会在不同项目的设计过程中，不断扩充、不断完善。

BIM模型以三维信息模型作为集成平台，在技术层面上适合各专业的协同工作。各专业可以基于同一模型进行工作。BIM模型还包含了建筑的材料信息、工艺设备信息、成本信息等，这些信息可以进行数据分析，使各专业的协同达到更高层次，全面提升设计精度和效率。

装修设计工作在建筑设计时同期开展。将居室空间分解为几个功能区域，每个区域视为一个相对独立的功能模块。如厨房模块、卫生间模块，由装修方设计好几套模块化的布局方案，建筑设计时可直接套用模块化的方案。装修方在模块化设计时，综合考虑部品的尺寸关系，采用标准模数对空间及部品进行设计，以利于部品工厂化生产。

装修方在装配方案设计时，按照工厂下单图纸的精度标准进行，避免现场加工的尺寸误差，提高现场装配效率及部品的精确程度。

（2）生产阶段BIM应用

通过BIM模型对建筑构件的信息化表达，构件加工图在BIM模型上直接生成。不仅能清楚地表达传统图纸所能表达的二维关系，对于复杂的空间剖面关系也可以清楚表达，同时还能够将离散的二维图纸信息集中到一个模型当中。这样的模型能够更加紧密地实现与预制工厂的协同和对接。

BIM 建模是对建筑的真实反映，在生产加工过程中，BIM 信息化技术可以直观地表达出配筋的空间关系和各种参数情况，能自动生成构件下料单、派工单、模具规格参数等生产表单，并且能通过可视化的直观表达帮助工人很好地理解设计意图。形成的 BIM 生产模拟动画、流程图、说明图等辅助培训的材料，有助于提高工人生产的准确性和质量效率。

构件生产厂家可以直接提取 BIM 信息平台中各个构件的相关参数，根据相关参数确定构件的尺寸、材质、做法、数量等信息，并根据这些信息合理地确定生产流程和做法，同时生产厂家也可以对发来的构件信息进行复核，并且可以根据实际生产情况，向设计单位进行信息的反馈，这使得设计和生产环节实现了信息的双向流动，提高了构件生产的信息化程度。

（3）施工阶段 BIM 应用

在制定施工组织方案时，将本项目计划的施工进度、人员安排等信息输入 BIM 信息平台中，软件可以根据这些录入的信息进行施工模拟，同时也可以实现不同施工组织方案的仿真模拟，施工单位可以依据模拟结果选取最合理的施工组织方案。

基于 BIM 平台实施各类专业管线与主体结构部件、不同专业管线之间的设计检查，检查出管线和主体结构的碰撞以及不同专业管线之间是否存在碰撞，同时根据现场实际情况，对于设计成果进行检查，避免后期返工。

预制构件的吊装前依据 BIM 模型模拟吊装，根据构件尺寸进行吊具选择，确定构件的吊装方式，同时根据施工组织计划综合确定构件吊装方案，并将计划吊装方案与现场实际吊装方案进行对比，调整施工计划。

构件安装定位通过自主开发的定位工具精确匹配安装位置，提高安装的精确度，最重要的是安装工人不用再俯身查看钢筋与套筒的对位关系，提高了安装工人的安全生产水平。

将整体的施工进度计划写入 BIM 信息模型，将空间信息与时间信息整合在一个可视的 4D 模型中，直观、精确地反映整个建筑的施工过程。提前预知本项目主要施工的控制方法、施工安排是否均衡、总体计划是否合理，场地布置是否合理，工序是否正确，并可进行随时优化。通过虚拟建造，安装和施工管理人员都可以非常清晰地理解装配式建筑的组装构成，避免二维图纸造成的理解偏差，保证项目的如期进行。

（4）管理使用阶段 BIM 应用

本项目建立了全程追溯体系管理系统，项目验收投入使用后，也可以随时查看建筑中所有建筑构件及建筑部品的相关信息，可以作为一个项目的"电子说明书"，便于用户和物业管理者清晰直观地获得建筑的信息，进行维护管理。

（三）构件生产、安装施工技术应用

1. 生产

构件生产主要分为两类，一类是板式构件，包括叠合楼板、墙板、叠合阳台等；一类是异形构件，包括叠合梁、预制楼梯等。板式构件一般采用 PC（预制混凝土）自动化流水线生产，生产效率高，质量有保障。

其主要流水作业环节为：

（1）清扫机自动清理模台；

（2）划线机自动放线，安装模具；

（3）喷涂脱模剂；

（4）绑扎钢筋笼；

（5）固定预埋件，如线盒、套管等；

（6）混凝土布料机自动浇筑布料，振动台振捣；

（7）养护室养护。

2. 施工安装

（1）剪力墙施工安装

测量放线—检查调整下方结构伸出的连接钢筋位置和长度—清理灌浆缝基础面—测量放置水平标高控制垫块—分仓与接缝封堵—墙板吊装就位—安装固定墙板调节支撑—校准墙板位置和垂直度后支撑固定—灌浆—检查验收。

主要工序介绍如下：

①检查调整下方结构伸出的连接钢筋位置和长度：检查下方结构伸出的连接钢筋位置是否符合标准，钢筋位置偏移量不得大于或小于3mm；可用钢筋位置检验模板；钢筋不正可用钢管套住掰正。长度偏差在 0～15mm 之间；钢筋表面干净，无严重锈蚀，无粘贴物。

②清理灌浆缝基础面：墙板水平接缝（灌浆缝）基础面干净、无油

污等杂物。高温干燥季节应对墙板与灌浆料接触的表面做润湿处理，但不得形成积水。

③测量放置水平标高控制垫块：墙板下口留有 20mm 左右的空隙，采用专用垫块调整墙板的标高及找平。在每一块墙板两端底部放置专用垫块，并用水准仪测量，使其在同一个水平标高上。

④分仓与接缝封堵：根据图纸要求分仓，分仓式两侧须内衬模板（通常为便于抽出的 PVC 管），将搅拌好的封堵料填塞充满模板，保证与上下墙板表面结合密实，然后抽出内衬。填抹完毕确认干硬强度达到要求（常温 24 小时，约 30MPa）后再灌浆。

⑤墙板吊装就位：吊装墙板时，采用两点起吊，就位应垂直平稳，吊具绳与水平面夹角不宜小于 60°，吊钩应采用弹簧防开钩；起吊时，应通过采用缓冲块（橡胶垫）来保护墙板下边缘角部不至于损伤。

⑥安装固定墙板调节支撑：每块墙板通常需用两个斜支撑及两个脚步调节支撑来固定，斜撑上部通过专用螺栓与墙板上部 2/3 高度处预埋的连接件连接，斜支撑底部与地面（或楼板）用膨胀螺栓进行锚固；支撑与水平楼面的夹角在 40°～50° 之间。脚步调节支撑可通过调节螺栓对墙体进行水平及竖向位置的微调。

⑦灌浆：套筒灌浆连接施工包括注浆孔和排浆孔（观察孔）的清理、墙板底部缝隙封堵、无收缩水泥砂浆制备、流动度检测、水泥灌浆、灌浆孔封堵及清洁等工序。

（2）叠合梁、楼板施工安装

叠合楼板支撑体系安装—叠合主梁吊装—叠合主梁支撑体系安装—叠合次梁吊装—叠合次梁支撑体系安装—叠合楼板吊装—叠合楼板、叠合梁吊装铺设完毕后的检查—附加钢筋及楼板下层横向钢筋安装—水电管线敷设、连接—楼板上层钢筋安装—墙板上下层连接钢筋安装—预制洞口支模—预制楼板底部接缝处理—检查验收。

（3）预制楼梯施工安装

预制楼梯起吊—预制楼梯安装—节点连接—检查验收。

（4）叠合阳台安装

安装支撑系统—叠合阳台吊运—叠合阳台安装及接缝处理—水电管线铺设及钢筋绑扎—检查验收。

第三章　装配式混凝土建筑结构设计

近些年，经过各级政府与企业的大力推进，装配式混凝土结构在技术体系、技术标准、施工工法、工艺等方面取得了显著的进步发展。装配式混凝土结构也是新型建筑工业化的核心，但装配式混凝土结构并不等同于建筑工业化。新型建筑工业化是一种新型的生产方式，它是现代科学技术与企业现代化管理的结合。

第一节　装配式混凝土结构发展历史

一、装配式混凝土结构发展历史

（一）国外发展历程

19世纪的欧洲开始出现工业化预制技术，直到20世纪初期才得到重视，不管是欧洲、美国还是日本，预制技术得到发展的原因主要有两个：

工业革命的推动是第一个原因，工业革命带动了大批的农民向城市涌入，加剧了城市化进程的发展。早在1866年，就有人对伦敦的一条街道做过一个调查。在这条被调查的街道上，有7间房子是住10～12个人的，有3间房子是住12～16个人的，有2间房子是住17～18人的，其居住的条件也是相当的恶劣。在伦敦1910年时还出现过一些所谓的"夜店"，这些夜店和现在的娱乐场所是两个完全不同的概念。它是专门为那些流浪人群安排过夜的一些简易店铺，空间非常狭小，常常是人满为患，基本躺不下，只能一排排地坐着，在人们的面前有一条绳子，人们都是趴在绳子上来睡觉[①]。

第二次世界大战是预制式建筑快速发展的第二个原因，战争摧毁了

---

① 刘美霞，武振，王广明，刘洪娥.我国住宅产业现代化发展问题剖析与对策研究 [J].工程建设与设计，2015（6）：9~11.

大量的住宅建筑，同时，由于大批量的军人复员和外来人口的涌入，城市住宅需求剧增，住宅供需矛盾更加激化。在多种矛盾的激化下，由于受工业化进程的影响，以工业化方式生产的住宅激起了现代派建筑大师的灵感。如法国的建筑大师勒·柯布西耶《走向新建筑》，他曾构想房子是不是也能像生产汽车零件一样成批地进行工业化生产，他的这一想法，为工业化住宅、居住机器等建筑理论奠定了基础。二战以后日本的丰田公司明确提出了"要像造汽车一样造房子"，开始正式涉足房屋制造行业。

第二次世界大战后，20世纪50年代的欧洲由于受到战争的破坏，对房屋住宅需求非常大。为此，欧洲的一些建筑师采用工业化的手法生产了一批完整的、标准化、系列化的装配式建筑住宅体系。到了20世纪80年代以后，人们对住宅产业化发展产生了更大的需求，这一时期人们把目光开始转向房屋住宅的多样化发展和功能性发展上来。美国、法国、日本和丹麦是这一时期具有代表性的国家。

美国的巴克敏斯特·富勒是著名的机构学家，他在20世纪20年代发明了轻质金属房屋，实现了住宅构件的工业化生产；1927年他设计出了能够最大限度利用能源的第一代多边形住宅；1930年，他设计出了能够最大限度利用能源的第二代住宅；第三代最大限度利用能源的住宅，在第二次世界大战期间设计完成；20世纪六七十年代，他设计并推广了张力轻质构件制造的穹顶，一时间城市中兴起了这种房屋。

此后，美国住宅工业化得以发展，并渗透到国民经济的各个方面，住宅及其产品专业化、商品化、社会化的程度很高，主要表现在：高层钢结构住宅基本实现了干作业，达到了标准化、通用化；独立式木结构住宅、钢结构住宅在工厂里生产，在施工现场组装，基本实现了干作业，达到了标准化、通用化；用于室内外装修的材料和设备、设施种类丰富，用户可以从超市里买到各种建材，非专业的消费者可以按照说明书自己组装房屋。美国住宅工业化程度高，住宅质量很好，发展前景值得期待。

法国创立了"第一代建筑工业化"，是世界上推行建筑工业最早的国家之一，法国建立了众多的专用体系，以工具式模板和全装配大板现浇工艺为标志。之后，又过渡到"第二代建筑工业化"以发展通用构件设备和制品。1978年法国大力发展通用体系，提出了以推广"构造体系"为手段来作为向通用建筑体系的一种过渡。

丹麦是世界上将模数法制化的第一个国家，150 模数协调标准是现行的国际标准化组织，就是以丹麦标准为基础来改进完成的，丹麦的模数化由国家强制执行，并且模数标准化健全，该标准要求所有的住宅都要按照模数进行设计，不仅仅局限于自己居住的独立式住宅。

丹麦实现了构件的通用化，通过模数和模数协调，制定了 20 多个模数标准来强制采用，这些标准保证了构件相互间的通用性，当不同厂家进行部件生产时。除此之外，丹麦还发展了住宅通用体系化，通过制定"产品目录设计"。这样每一个厂家都会将自己生产的产品类型加入到这个产品目录中，然后再通过各个厂家所生产的产品目录汇集成"通用体系产品总目录"。这样设计人员就可以在总目录中选取适合住宅设计的产品类型，因而每一位设计师都能够意识到工业化的设计思想。

日本人口密度是中国的 2.48 倍，在人均资源占有量和能源占有量方面比中国还要贫乏，第二次世界大战后 50 年的快速发展，已使日本的住宅建设达到了世界先进水平。日本的住宅之所以快速发展是和政府的政策引导和一直坚持住宅工业化的发展有着紧密联系的，日本的住宅产业发展的经验和教训为目前的住宅发展提供了借鉴。

由于受到第二次世界大战的摧毁，日本以前的木结构建筑都被毁坏。基于此，日本提出了城市复兴计划建设——"不易燃城市"，采用钢筋混凝土结构，并借鉴了欧洲的 PC 先进技术经验，日本的建筑体系，尤其是钢筋混凝土结构得到推广和普及。经历了"PC 的产业化与规范化的建立（1955—1972 年）""PC 体系过渡、完善时期（1973—1982 年）""PC 技术新型工业化的开发（1983—1992 年）""迎接新挑战，PC 深化发展（1993 至今）"等几个阶段。

日本先后开发了以预制板式钢筋混凝土为主导的大板工业化住宅体系 Tilt-up 工法、W-PC 工法、PS 工法、H-PC 工法，以及后期进一步改良的 WR-PC 工法和 R-PC 工法，等等，住宅标准化方面先后提出了 SPH（公共住宅标准设计）、NPS（公共住宅新标准设计系列）等，住宅可持续性发展方面扩展了荷兰学者提出的 SI 技术体系，提出了 KSI（机构型 SI 住宅）体系，应用了可变地板、同层排水等技术。20 世纪 80 年代又提出 66 百年住宅建设系统（CHS），住宅向着寿命持久和精细化设计方面进一步发展。

（二）国内发展历程

我国预制混凝土构件行业已有近60年的历史。早在20世纪50年代，为了配合新中国成立初期大规模建造工业厂房的需求，由中国建筑标准设计研究院负责出版的单层工业厂房的标准图集，就是一整套全装配混凝土排架结构的系列图集。它是由预制变截面柱、大跨度预制工字型截面屋面梁、预制屋顶桁架、大型预制屋面板以及预制吊车梁等一系列配套预制构件组成的一套完整体系。此套图集沿用至今，指导建成厂房面积达6亿平方米之多，为我国的工业建设作出了巨大的贡献。[①]

随后，我国逐步进入建设的高峰时期。20世纪50年代末至60年代中期，装配式混凝土建筑出现了第一次发展高潮。1959年引入的苏联拉姑钦科薄壁深梁式装配式混凝土大板建筑，以3～5层的多层居住建筑为主建成面积约90万平方米，其中北京约50万平方米。

20世纪70年代末至80年代末，我国进入住宅建设的高峰期，装配式混凝土建筑迎来了它的第二个发展高潮，并进入迅速发展阶段。此阶段的装配式混凝土建筑，以全装配大板居住建筑为代表，包括钢筋混凝土大板、少筋混凝土大板、振动砖墙板、粉煤灰大板、内板外砖等多种形式。总建造面积约700万平方米，其中北京约386万平方米。此时的大板建筑开始向高层发展，最高建筑是北京八里庄的18层大板住宅试点项目。

这一时期的装配式大板建筑主要借鉴苏联和东欧的技术，由于技术体系、设计思路、材料工艺及施工质量等多方面原因导致了许多问题，主要表现在以下几个方面。

（1）20世纪80年代末期，中国进入市场经济阶段，大批农民工开始涌入城市，他们作为廉价的劳动力步入建筑业，随着商品混凝土的兴起，原有的预制构件缺少性价比的优势。

（2）原有的装配式大板建筑由于强调全预制，结构的整体性能主要是依靠剪力墙体的对正贯通、规则布置来实现的，使得建筑功能欠佳，体型、立面和户型均单一。住宅建筑在市场化的新形势下，原有的定型产品不能满足建筑师和居民对住宅多样化的要求。

---

① 济南市城乡建设委员会建筑产业化领导小组办公室.装配整体式混凝土结构工程工人操作实务[M].北京：中国建筑工业出版社，2016，第74页.

（3）已建成的装配式建筑由于受当时的技术工艺、材料和设备等条件的限制，开始出现物理性问题，如保温隔热、防水、隔声等。由此造成的渗、漏、裂、冷等问题引起居民不满。

二、装配式混凝土结构的发展现状

（一）装配式混凝土结构建筑的推进情况

1999 年国务院办公厅颁布了《关于推进住宅产业现代化提高住宅量的若干意见的通知》（国办发 [1997] 72 号），提出了 5～10 年内通过建立住宅技术保障体系、完善住宅的建筑和部品体系、建立完善的质量控制体系等达到解决工程质量通病、初步实现住宅建筑体系以及节能降耗的主要目标。自此我国开始以住宅产业化为突破口，推进建筑工业发展。在各级政府与企业的积极组织与实施下，在借鉴学习发达国家成功经验的基础上，我国的住宅产业化，尤其在近几年取得了显著的成就。

一是工作发展方向越来越明确。近两年，在国家层面，国务院、全国政协、住房和城乡建设部从各方面都提出了一系列的发展要求。2013 年初，国务院转发了国家发改委、住建部的《绿色建筑行动方案》，将推动新型建筑工业化；2013 年 10 月，全国政协主席俞正声提出了"发展建筑产业化"的建议；2013 年下半年以来，中央领导同志提出要积极推进以住宅为主的建筑产业化政策标准和法规的研究；2014 年 4 月，国务院明确提出"大力发展绿色建材……"的要求，并出台了《国家新型城镇化发展规划》（2014—2020）；2014 年 5 月，国务院提出"以住宅为重点，以建筑工业化为核心"，印发了《2014—2015 年节能减排低碳发展行动方案》；2014 年 7 月，住房和城乡建设部出台了《关于推进建筑业发展和改革的若干意见》等一系列重要文件。

从各地方来看，20 多个省、市纷纷出台政策，如北京、上海、深圳、浙江、安徽、山东、河北等地。政策主要体现在以下几个方面：一是明确土地所要建筑的项目，在土地出让环节，同时明确项目的产业化面积的比例要求；二是财政补贴方式多样化，包括利用专项资金扶持，科技创新专项资金扶持、节能专项资金、散装水泥基金、优先返还墙改基金、享受城市建设配套措施减缓优惠政策等；三是对建设和销售产业化项目要给以优惠鼓励发展，例如，给予容积率的奖励对于商品房的出售；四是政府采用税收优惠政策给予扶持，享受贷款扶持政策、财税优惠政策。例如，将生产构件的企业纳入高新技术企业来享受这一优惠政策。五是积极推进商品房住宅一次装修到位，大力鼓励发展成品住宅；六是鼓励政府投资保障性住房建设，大力推进产业化项目建设，如北京、上海等地提出的保障性住房预制装配式住宅政策。[1]

上海市是我国较早开展住宅产业化试点的城市之一。2001年，《上海市住宅产业现代化发展"十五"计划纲要》中即提出了推进住宅产业化的体制和机制。此后，沪府办（2008）6号、沪府办（2011）33号、沪建交联（2011）286号、沪发改环资（2012）088号、沪建管（2014）827号、沪建管联（2014）901号等文件又先后落实了促进住宅产业发展的各项具体措施。经过十余年的发展，上海市已逐步形成了以预制混凝土框架结构体系和剪力墙体系为主的工业化住宅体系，实现了住宅65%的指标。

二是试点带动效果越来越明显。为落实国务院工作要求，原建设部成立了住宅产业化促进中心，设立了产业现代化综合试点城市，建立了住宅性能和住宅部品认证制度，推进住宅国家康居示范工程和住宅产业化基地建设。自2006年设立产业化基地以来，全国先后批准了6个住宅试点城市，3个现代化示范城市，46个部品部件和住宅开发生产企业为国家住宅产业化基地，评定了300多个国家康居示范工程项目，其中，获得A级性能的有1000多个住宅项目，获得建筑部品、产品认证标识的有600多个。[2]

三是相关技术标准越来越完善。装配式混凝土结构技术、生产工艺、施工技术等日趋成熟。在行业、协会标准方面，《装配式混凝土结构技术规程》JGJ1-2014、《整体预应力装配式板柱结构技术规程》CECS52-2010和《预制预应力混凝土装配整体式框架结构技术规程》JGJ224-2010是近年制（修）订的有关技术规程。在地方标准方面，目前上海市居于领先地位。相关技术标准主要包括：《装配整体式混凝土住宅体系设计规程》DG/TJ08-2071-2010、《装配整体式住宅混凝土构件制作、施工及质量验收规程》DG/TJ08-2069-2010、《装配整体式混凝土住宅

---

① 陈建伟，苏幼坡.装配式结构与建筑产业现代化[M].北京：知识产权出版社，2016，第110页.
② 济南市城乡建设委员会建筑产业化领导小组办公室.装配整体式混凝土结构工程工人操作实务[M].北京：中国建筑工业出版社，2016，第133页.

构造节点图集》DBJT08-116-2013、《装配整体式混凝土结构施工及质量验收规范》DGJ08-2117-2012、《装配整体式混凝土公共建筑设计规程》DGJ08-2154-2014、《预制混凝土夹心保温外墙板应用技术规程》DG/TJ08-2158-2015。上述一系列技术标准基本形成了针对装配式混凝土结构住宅建筑的技术标准体系。

四是产业聚集效应越来越凸显。万科、中建、隧道股份、宝业集团、龙信集团、天津住宅集团、长沙远大、宇辉集团等一大批企业积极主动地开展研发和工程实践，尤其是建筑业的大型企业集团响应热烈。

五是建设了一大批预制混凝土构件厂。近三年全国新建PC工厂31家，其中辽宁、湖南、安徽、江苏较为集中。在生产线方面多家构件工厂通过引进国外自动化生产线、开发国产自动化生产线加快了构件的工业化生产。

六是建成了一大批采用装配式混凝土结构的住宅建筑。据初步调查统计，全国2012—2013两年的建设量大约在1300万平方米左右，2014年全国建设量大约在2500万平方米左右。

（二）典型企业推进装配式混凝土结构情况

1.万科

2000年以来，国内一些房地产企业尝试走住宅产业化发展道路，最有代表性的是万科集团，万科在创新模式上采用了以房地产开发为龙头的资源整合模式。主要包括技术研发＋应用平台＋资源整合。万科于1999年成立了建筑研究中心，2004年成立了工厂化中心，开展PC技术的研究。目前万科占地200余亩的松山湖基地已成为其住宅产业化、建筑技术研发的综合性平台。自2007年初上海万科建造首批住宅产业化楼——浦东新里程20号、21号两幢楼开始，至今已建成的主要代表项目有上海万科新里程项目PC外墙试点项目、天津万科东丽湖PC住宅试点项目、深圳万科第五园PC住宅试点项目、北京万科假日风景项目等。

万科发展PC住宅的三个重点城市包括深圳、上海、北京。根据各地区居住习惯的不同分别探索了不同的技术体系。深圳以框架—剪力墙结构为主，上海万科先后探索过框架—剪力墙结构、叠合剪力墙结构（PCF体系）、预制剪力墙结构（如上海地杰项目）三种不同的体系，北京万科近年与北京市建筑设计研究院、北京榆构等合作探索研究预制剪力墙结构体系。

2. 上海隧道股份工程有限公司

上海隧道股份工程有限公司（以下称隧道股份）是一家以基础设施设计施工总承包为龙头、以基础设施投资和房地产开发经营为依托，集工程投资、设计、施工、运管、维护、设备和材料供应为一体的大型企业集团。在装配式建筑领域，隧道股份不仅在"建筑全产业链"上具有先天优势，且企业全球领先的盾构法隧道等业务本身就是地下 PC 技术应用的生动典型。早在 20 世纪 80 年代，隧道股份即开始从事高精度建筑预制构件出口制造，产品远销日本等国家，并拥有国内最早通过日本 PC 质量认证和美国 PCI 认证的专业 PC 预制工厂，在上海地区 PC 预制构件市场占有率接近 50%。

在此背景下，自 2010 年起隧道股份累计投资上亿元，率先建立了国内领先的预制框架剪力墙装配式住宅成套结构技术体系；主编了一系列国家及上海预制装配式建筑相关标准、图集、工法、导则；探索性建设了全国首个预制化率高达 70% 的绿色高品质保障性住房项目——上海浦江瑞和新城，并成为上海目前唯一一家拥有"国家级住宅产业化基地"的企业。

隧道股份探索采用的是以工程总承包（EPC）为龙头的全产业链模式，逐步形成了以"开放性、市场化、专业化"为核心的产业发展理念，通过与台湾润泰、同济大学等企业和机构的深度合作，从前端技术研发、前期规划设计、深化设计、构件制造到施工吊装、后续装修等产业各个环节，集成社会最优资源，不断做精做深，以标准化、模数化、信息化为导向，形成了具有城建特色的适度专业分工的企业集聚和装配式建筑业务品牌。

3. 远大集团

远大集团采用的是以设计、开发、制造、施工、装修一体化建造模式。远大集团基本上拥有住宅产业化完整的产业链，包括房地产开发、构件制造、施工、装修建材生产、装修施工、整体厨卫生产制造等。目前，远大在湖南境内有多个预制构件厂，并在其开发的多个项目中采用了预制技术。2013 年，远大进入上海市场，成立了设计院，并租用工厂开始进行实体项目建设。

其结构体系为"钢筋混凝土预制构件 + 现浇剪力墙",即"竖向结构现浇 + 水平向结构叠合 + 预制外挂墙板"的总体思路,预制率大致在30% ~ 50%。

4. 黑龙江宇辉

黑龙江宇辉建设集团是集房地产开发、建筑施工、新型建筑材料生产为一体的综合性企业集团,采用的是以施工总承包为龙头的施工代建模式。宇辉集团于 2005 年开始进入 PC 建筑领域,其与哈工大合作研发的预制装配整体式混凝土剪力墙结构体系技术,获得多项专利技术,2010 年 3 月被国家住建部批准为国家住宅产业化基地。其 PC 住宅体系已经应用在哈尔滨市香坊区洛克小镇小区 14 号楼(建筑面积 1.8 万平方米,建筑层数 18 层)和保利公园 40 号楼(建筑面积 1.13 万平方米,建筑层数 13 层)等东北地区多个项目。

5. 上海建工集团

上海建工集团的前期 PC 项目主要与上海万科合作,承揽了万科新里程、地杰国际城等项目的施工工程,主要采用叠合剪力墙 PC 技术(PCF),另外建工集团还与瑞安房产公司合作,完成了创智坊二期,采用了预制夹心保温墙板技术;建工集团开发的康桥 6 号地块经适房项目也采用了预制外墙板技术。上海建工集团设计、预制、房地产开发、施工等业务齐全。由于前期启动较早,设计、施工已经有一定的成熟经验。

6. 浙江宝业

浙江宝业原致力于钢结构体系,近年来收购了合肥西伟德混凝土预制件有限公司。西伟德引用德国技术,开发了叠合板式混凝土剪力墙结构体系并在工程中进行了应用。该预制件结构体系的核心构件是格构钢筋叠合楼板和叠合墙板,可大量地应用于剪力墙结构建筑。

7. 其他企业

除以上具有较大影响力的企业以外,还有南京大地建设集团[主要引进、消化、吸收和发展了法国的预制预应力混凝土装配整体式框架(简称世构体系)]、中南建设集团[主要引进、消化、吸收和发展了澳大利亚的预制装配整体式剪力墙结构(NPC)体系技术]等,都在 PC 建筑之路上起步探索。

随着 2013 年上海住宅产业化政策指导意见的出台和住宅产业化整体氛围的不断形成,目前上海本地中建八局、二十冶集团等企业,依托自身的技术中心，也开始推进住宅产业化工作。中建八局计划在承担的上海保障房项目中采用 PC 技术，并配套建设相应的预制构件厂。二十冶所属的中冶集团，成立了住宅产业化领导小组，并依托完整的住宅产业链，推进住宅产业化工作。

三、装配式混凝土结构面临的问题与对策

近些年，经过各级政府与企业的大力推进，装配式混凝土结构在技术体系、技术标准、施工工法、工艺等方面取得了显著的进步。但与此同时，以装配式混凝土结构为核心的新型建筑工业化也遇到了发展的瓶颈。一是要突破先期成本提高的瓶颈。现代化企业管理模式在企业初期时并没有建立，由于没有专业的队伍和熟练技工，同时企业也并没有掌握核心的技术。二是要打破管理体制上的瓶颈。建筑工业化需要企业面对和政府解决的事情很多，主体责任范围的变化、设计、施工、生产、建立等环节的变化，现行的管理体制与其发展不相适应是建筑工业化发展的瓶颈。三是传统的企业管理运行模式落后，要突破以包代管、层层分包、各自为站的管理运行模式的束缚，必须建立新的发展模式转型升级，突破管理运行机制的瓶颈。四是传统的生产活动的利益链必须要打破，建筑工业化具有革命性的变革，因此必须形成新的利益分配机制。

在现阶段，我国推进新型建筑工业化方面存在着以下主要问题。一是在政府层面重视出台政策，忽视培育企业。近些年各地在推进和实施出台的政策措施和指导意见时缺乏企业的支撑，尤其对龙头企业的培育，在实施的过程对于提供的建筑项目缺乏必要的总结、指导和监督。二是在企业管理层面，比较重视技术的开发和创新，而轻视管理的创新。一些企业在自主研发和应用新技术方面，忽略了企业的现代化管理运行模式，变成"穿新鞋走老路"；重视结构技术，轻视装修技术。重视主体结构装配技术的应用，缺乏对建筑装饰装修技术的开发应用，忽视了房屋建造全过程、全系统、一体化发展；重视成本因素，轻视综合效益。企业往往注重成本提高因素，忽视通过生产方式转变、优化资源配置、提升整体效益，所带来的长远效益和综合效益最大化。

在装配混凝土结构研究方面，我国虽然取得了显著的成果，但还不够系统和深入，主要存在着以下问题：一是已有结构体系主要针对住宅

建筑，适用于公共建筑的装配式混凝土结构体系亟待研发，此外在高性能高强混凝土和高强钢筋的应用技术、简化连接构造的装配整体式混凝土剪力墙体系，以及适用于低多层装配式混凝土剪力墙体系等方面的研究工作尚属空白。二是基于模数协调的装配整体式混凝土建筑标准化设计技术尚未形成，设计—制备—施工一体化的工业化建筑设计技术有待开展专门的研究。三是标准化、模数化的预制混凝土构件产品体系尚未建立，高精度、规模化、自动化的预制构件生产装备以及标准化、快速化的绿色施工技术装备有待研制。四是基于 BIM 平台的、涵盖建筑工业化全过程的信息化技术体系尚未形成。五是从技术体系角度看，目前还没有形成适合不同地区、不同抗震等级要求的、结构体系安全、围护体系适宜、施工简便、工艺工法成熟、适宜规模推广的技术体系。六是涉及全装配及高层框架结构的研究与实践不足，与国外差距较大。七是装配式建筑减震隔震技术及高强材料和预应力技术有待深入研究和应用推广。

解决以上诸多问题，从政府层面应做到以下几点。一是要建立推进机制，加强宏观指导和协调工作。住宅产业现代化内涵丰富，涉及的行业和部门多，要统一认识、明确方向，建立协调机制，协调发展、统筹推进、优化配置政策资源。二是要遵循市场规律，创新运用行政化手段进行推进，要在实践中把工业化的管理模式技术体系发展成熟，要循序渐进，不能急功近利，更不能一哄而上，走健康发展之路。三是要研究体质机制。新时期建筑产业化要研究和解决的问题还很多，由于建筑工业化发展必将带来一系列的有关管理体制、机制的变化，现行的体制机制相关主题责任范围的变化如何适应新时期建筑产业的发展要求，这些都是亟待解决的问题。四是培育龙头企业。由于社会程度不高，专业分工尚不明确，因此在发展初期，只有通过培育龙头企业，来发挥引领和带头作用。以企业为主体建立新的技术体系和工程总承包模式，才能使技术和管理模式能够发展成熟。

在企业层面应做到以下几点。一是积极加强技术创新，建立企业自主的技术体系和工法。积极结合扶持政策，大力开展技术创新，加快技术升级换代的步伐，技术和工法是企业发展的核心竞争力，谁在未来掌握了技术和工法谁就掌握了市场，谁就能在新一轮变革中掌握先机，赢得主动。二是加强职业技术培训，建立职业技术培训长效机制。要实现建筑产业现代化离不开高素质的技术工人和专业技术人才，当前高素质的技术工人和专业技术人员奇缺，已成为发展的瓶颈，要积极结合社会力量和资源，大力开展职业技术培训工作，适应未来市场对高素质劳动者和技能型人才的迫切要求。

四、展望和建议

发展装配式混凝土结构建筑是推进新型建筑工业化的重要途径。目前，剪力墙结构是适合我国高层居住建筑的结构形式之一，应用最广，技术体系相对成熟。大规模应用中应以成熟的、有规范依据的技术体系为主。

针对我国大力推进城镇化的工作需求，小城市、乡镇对多层建筑需求量很大，需进一步研究、完善、推广包括装配式剪力墙结构在内的多层建筑工业化技术体系。

今后预制装配式混凝土结构的发展，尚需在以下几个方面加强工作。

一是鼓励企业探索适用于自身发展的装配式建筑技术体系研究，逐步形成适用范围更广的通用技术体系，推进规模化应用，降低成本，提高效率。

二是深入研究结构节点连接技术和外围护技术等关键技术，形成成熟的解决方案并推广应用。

三是探索与装配式建筑相适应的工艺工法，把成熟适用的工艺工法上升到标准规范层面，为大规模推广奠定基础。

四是进一步研究包括叠合板剪力墙结构，全装配框架结构在内的一系列创新性技术体系。

五是对成熟适用的结构体系和节点连接技术加大推广力度。

六是对目前尚不成熟的结构体系，应加快进行研发论证。

发展装配式混凝土结构也是新型建筑工业化的核心，但装配式混凝土结构并不等同于建筑工业化。新型建筑工业化是一种新型的生产方式，它是现代科学技术与企业现代化管理的结合。

参照欧美、日本、新加坡等国家和地区建筑业的发展过程，当人均GDP达到1000～3000美元后，开发新型的装配式混凝土结构体系，实现工厂化生产、机械化施工就成为克服传统生产方式缺陷、促进建筑业快速发展的主要途径。2014年，我国人均GDP达到7485美元，经济增长要从投资驱动转向创新驱动，技术创新逐渐成为经济社会发展的重要驱动力。因此这一轮的建筑工业化的根本特征应该是生产变化、技术创新和管理创新的集成，而技术创新是基础，是根本，是发展的源动力。融合了 21 世纪以来因人类面临空前的全球能源和资源危险、生态与环境危机、气候变化危机多重挑战而引发的第四次工业革命——绿色工业革命特征的变革，在包含了自动化、智能化、大数据等信息技术应用的同时，考虑绿色发展与可持续建设，而不是片面追求预制装配项目的数量和程度。

新型建筑工业化是以技术创新带动的工业化。新型建筑工业化是现代科学技术与企业现代化管理紧密结合的生产方式，没有技术就没有产品，没有管理就没有效益。新型建筑工业的核心要素技术与管理缺一不可，通过技术创新，建立成熟适用的技术与工法体系，通过管理创新，建立企业现代化的经营管理模式。在技术创新方面，装配式混凝土结构是核心主体结构技术，它的创新不仅是单一技术，而重点是技术体系创新，从设计角度看，技术体系涵盖了主体结构成套技术、装饰装修成套技术和设施设备系统技术，与主体结构相适应的有四项技术支撑，分别为标准化、一体化、信息化建筑设计方法、与技术体系相适应的预制构件生产工艺，一整套成熟适用的建筑施工工法，切实可行的检验、检测质量保障措施。[1]

市场是决定装配式混凝土结构建筑发展的根本，发达国家的经验表明：企业和最终消费者决定的市场将从根本上推动变革。所以政府和制度的指向和根本是通过市场实现资源的有效配置。政策是最初的原动力，未来市场最有发言权。

---

[1] 住房和城乡建设部住宅产业化促进中心. 大力推广装配式建筑——技术、标准、成本与效益 [M]. 北京：中国建筑工业出版社，2017，第 96 页.

第二节 装配式混凝土建筑技术分析与常用材料

一、混凝土

（一）混凝土概述

1. 混凝土相关知识

混凝土，简称砼，是指由胶凝材料将集料胶结成整体的工程复合材料的统称。通常讲的混凝土一词是指用水泥作胶凝材料，碎石或卵石作粗骨料、砂作细骨料，与水、外加剂和掺合料等按一定比例配合，经搅拌而得的水泥混凝土，也称人造石。

砂、石在混凝土中能抑制水泥的收缩起到骨架的作用。水泥和水形成水泥浆填充骨料间空隙和包裹在粗细骨料的表面，水泥浆能起到润滑的作用。在硬化前，可以提高混凝土拌合物的工作性能，硬化后的水泥浆将形成坚强的骨料胶整体物。

混凝土应搅拌均匀、颜色一致，具有良好的和易性。混凝土的坍落度应符合要求。冬期施工时，水、骨料加热温度及混凝土拌合物出机温度应符合相关规范要求。混凝土中氯化物和碱总含量应符合现行国家相关规范要求，以保证构件受力性能和耐久性。

混凝土具有变形和耐久性。混凝土在荷载或温湿度作用下会产生变形，主要包括弹性变形、塑性变形、收缩和温度变形等。耐久性是指在使用过程中抵抗各种破坏因素作用的能力，主要包括抗冻性、抗渗性、抗侵蚀性。耐久性的好与坏决定着混凝土工程寿命的长短。

2. 混凝土性能要求

（1）配合比

合理地选择原材料并确定其配合比例不仅能安全有效地生产出合格的混凝土产品，而且还可以达到经济实用的目的。混凝土配合比的设计，一般采用按水灰比水胶比法则的要求来实施。采用绝对体积法或假定容重法对材料用量进行计算。

①水胶比

根据试验资料对混凝土水胶比的计算进行统计，提出水胶比与混凝土强度的关系式，与混凝土配制强度相对应的水胶比的计算方法用作图法或计算法进行求出。进行混凝土强度试验时，当采用多个不同的配合比时，其中一个应为基准配合比，其他配合比的水胶比，最好比基准配合比分别减少或增加 $0.02 \sim 0.03$。

②集料

每立方碎石用量——混凝土每立方米的碎石用量（一般为 $0.9 \sim 0.95 m^3$）×碎石松散容重（即碎石的密度，一般为 $1.7 \sim 1.9 t/m^3$）。

砂率——砂的质量／（碎石质量＋砂的质量），一般控制在 28%～36% 范围内。

每立方砂用量——［碎石的质量／（1－砂率）］×砂率。

（2）和易性

流动性、黏聚性和保水性综合表示拌合物的稠度、流动性、可塑性、抗分层离析泌水的性能及易抹面性等。主要采用坍落筒测定。

（3）强度

混凝土硬化后最重要的力学性能，是指混凝土抵抗压、拉、弯、剪等应力的能力。根据混凝土按标准抗压强度（以边长为 150mm 的立方体为标准试件，在标准养护条件下养护 28 天，按照标准试验方法测得的具有 95% 保证率的立方体抗压强度）划分的强度等级，称为标号，分为 C10、C15、C20、C25、C30、C35、C40、C45、C50、C55、C60、C65、C70、C75、C80、C85、C90、C95、C100 共 19 个等级。

（4）细度。以不小于 $300 m2/kg$ 比表面积表示硅酸盐和普通硅酸盐水泥的细度，以筛余表示火山灰质硅酸盐水泥、复合硅酸盐水泥、矿渣硅酸盐水泥和粉煤灰硅酸盐水泥，$45 \mu m$ 方孔筛筛余不大于 30%，$80 \mu m$ 方孔筛筛余不大于 10%。

（二）水泥

1. 水泥质量要求

水泥宜采用不低于 42.5 级硅酸盐、普通硅酸盐水泥，进场前要求提供商出具水泥出厂合格证和质保单等，对水泥的级别、包装、出厂日期、品种和散装仓号等进行仔细检查，并按照批次进行复检对凝结时间、安定性、强度和其他必要的性能指标，其质量必须符合《硅酸盐水泥、普通硅酸盐水泥》GB175 国家现行标准。出厂超过三个月的水泥应复试，水泥应存放在水泥库或水泥罐中，防止雨淋和受潮。

2. 化学指标

化学指标应符合表 3-2-1 规定。

表 3-2-1 化学指标（单位 %）

品种	强度等级	抗压强度		抗折强度	
		3d	28d	3d	28d
硅酸盐水泥	42.5	≥ 17.0	≥ 42.5	≥ 3.5	≥ 6.5
	42.5R	≥ 22.0		≥ 4.0	
	52.5	≥ 23.0	≥ 52.5	≥ 4.0	≥ 7.0
	52.5R	≥ 27.0		≥ 5.0	
	62.5	≥ 28.0	≥ 62.5	≥ 5.0	≥ 8.0
	62.5R	≥ 32.0		≥ 5.5	
普通硅酸盐水泥	42.5	≥ 17.0	≥ 42.5	≥ 3.5	≥ 6.5
	42.5R	≥ 22.0		≥ 4.0	
	52.5	≥ 23.0	≥ 52.5	≥ 4.0	≥ 7.0
	52.5R	≥ 27.0		≥ 5.0	

（三）砂

按照加工方法的不同，砂分为天然砂、机制砂、混合砂（天然砂与机制砂按照一定比例混合而成）。

1. 天然砂

天然砂为自然形成的，粒径小于 5mm 的岩石颗粒。

（1）混凝土使用的天然砂宜选用细度模数为 2.3 ～ 3.0 的中粗砂。

（2）进场前要求供应商出具质保单，使用前要对砂的含水、含泥量进行检验，并用筛选分析试验对其颗粒级配及细度模数进行检验。其质量应符合《普通混凝土用砂、石质量及检验方法标准》JGJ52 的现行行业标准。[1]

（3）砂的质量要求。砂的粗细程度按细度模数 uf 分为细、特细、粗、中四级，其范围应符合以下规定：细砂 uf=2.2 ～ 1.6；特细砂 uf=1.5 ～ 0.7；粗砂 uf=3.7 ～ 3.1；中砂 uf=3.0 ～ 2.3。

---

[1]崔瑶，范新海 . 装配式混凝土结构 [M]. 北京：中国建筑工业出版社，2017，第 65 页 .

（4）天然砂中含泥量应符合表 3-2-2 的规定。

表 3-2-2 天然砂中含泥量

混凝土强度等级	≥ C60	C55 ～ C30	≤ C25
含泥量（按重量计 %）	≤ 0.5	≤ 1.0	≤ 2.0

对于有抗冻、抗渗或其他特殊要求的小于或等于 C25 混凝土用砂，其泥块含量不应大于 1.0%。

（6）当砂中含有如云母、轻物质、有机物、硫化物及硫酸盐等有害物质时，其含量应符合表 3-2-3 的规定。

表 3-2-3 砂中的有害物质限值

项目	质量指标
云母含量（按重量计，%）	≤ 2.0
轻物质含量（按重量计，%）	≤ 1.0
硫化物计硫酸盐含量	≤ 1.0
有机物含量（按比色法试验）	颜色不应深于标准色，当颜色深于标准色时，应按水泥胶砂强度试验方法进行强度对比试验，抗压强度比不应低于 0.95

对于有抗冻、抗渗要求的混凝土，砂中云母含量不应大于 1.0%。

（7）应用砂浆长度法或砂浆棒（快速法），对于重要混凝土结构用砂因长期处于潮湿环境中，来进行骨料的碱活性检验。

应控制混凝土中的碱活性检验，当检测出混凝土中有潜在危害时，还应控制碱含量不超过 $3kg/m^3$，或者采用有效的措施来抑制碱—骨料反应。

2. 机制砂

（1）机制砂是通过机械破碎后，由制砂机等设备破碎、筛分而成，粒径小于 5mm 的岩石颗粒，具有成品规则的特点。机制砂应符合现行国家标准《建筑用砂》GB/T14684 的规定。

（2）机制砂的原料：机制砂的制砂原料一般通常用鹅卵石、安山岩、流纹岩、玄武岩、闪长岩、花岗岩、河卵石、辉绿岩、石灰岩等品种。有强度和用途的差异，一般按岩石种类来区分制成的机制砂。

（3）机制砂的要求：机制砂的粒径在 4.75 ～ 0.15mm 之间，对小于 0.075mm 的石粉有一定的比例限制。其粒级分为：4.75、2.36、1.18、0.60、0.30、0.15，粒级最好要连续，且每一粒级要有一定的比例，限制机制砂中针片状的含量。

（4）机制砂的规格：机制砂的规格按细度模数（Mx）分为粗、中、细、特细四种：

平均粒径为 0.5mm 以上，粗砂的细度模数为：3.7～3.1；

平均粒径为 0.5～0.35mm，中砂的细度模数为：3.0～2.3；

平均粒径为 0.35～0.25mm，细砂的细度模数为：2.2～1.6；

平均粒径为 0.25mm 以下，特细砂的细度模数为：1.5～0.7。

（5）机制砂的等级和用途：①等级，机制砂的等级按其技能需求分为Ⅰ、Ⅱ、Ⅲ三个等级。②用途，强度等级大于 C60 的混凝土使用于Ⅰ类砂；强度等级 C30～C60 及抗渗、抗冻或者有其他特殊要求的混凝土适用于Ⅱ类砂；构筑砂浆和强度等级小于 C30 的混凝土适用于Ⅲ类砂。

（6）机制砂的主要检验项目：表观相对密度、坚固性、含泥量、砂当量、亚甲蓝值、棱角性等。

（四）石子

（1）石子宜选用 5～25mm 碎石，混凝土用碎石应采用反击破碎石机加工。

（2）进场前要求提供商出具质保单，卸货后用肉眼观察石子中针、片状颗粒含量。使用前要对石子的含水、含泥量进行检验，并用筛选分析试验对其颗粒级配进行检验，其质量应符合现行行业标准《普通混凝土用砂、石质量及检验方法标准》JGJ52 的规定。

（3）针、片状颗粒含量应符合表 3-2-4 的规定。

表 3-2-4　碎石或卵石中针、片状颗粒含量

混凝土强度等级	≥ C60	C55～C30	≤ C25
针、片状颗粒含量，按重量计（%）	≤ 8	≤ 15	≤ 25

（4）含泥量应符合表 3-2-5 的规定。

表 3-2-5　碎石或卵石中的含泥量

混凝土强度等级	≥ C60	C55～C30	≤ C25
含泥量按重量计（%）	≤ 0.2	≤ 0.5	≤ 0.7

（5）泥块含量应符合表 3-2-6 的规定。

表 3-2-6　碎石或卵石中的泥块含量

混凝土强度等级	≥ C60	C55～C30	≤ C25
泥块含量按重量计（%）	≤ 0.2	≤ 0.5	≤ 0.7

（6）碎石压碎值。碎石的强度可用岩石的抗压强度和压碎值指标表示。碎石的压碎值指标宜符合表 3-2-7 的规定。

表 3-2-7 碎石的压碎值指标

岩石品种	混凝土强度等级	碎石压碎值指标 %
沉积岩	C60 ~ C40	≤ 10
	≤ C35	≤ 16
变质岩或深成的火成岩	C60 ~ C40	≤ 12
	≤ C35	≤ 20
喷出的火成岩	C60 ~ C40	≤ 12=3
	≤ C35	≤ 30

（7）卵石压碎值及硫化物、硫酸盐含量。卵石的强度用压碎值指标表示。其压碎值指标宜符合表 3-2-8 的规定采用。

表 3-2-8 卵石的强度压碎值指标

混凝土强度等级	C60 ~ C40	≤ C35
碎石压碎值指标	≤ 12	≤ 16

碎石或卵石中的硫化物和硫酸盐含量，以及卵石中有机物等有害物质含量应符合表 3-2-9 的规定。

表 3-2-9 碎石和卵石中有害物质的含量要求

项目	质量要求
硫化物及硫酸盐含量 （折算成 SO_3 按重量计，%）	≤ 1.0
卵石中有机物含量 （按比色法试验）	颜色不应深于标准色，当颜色深于标准色时，应按水泥胶砂强度试验方法进行强度对比试验，抗压强度比不应低于 0.95

（8）碱活性检验。重要结构混凝土因为长期处于潮湿的环境中，应进行碱活性检验。对采用的卵石或碎石，在进行碱活性检验时，首先应对碱活性骨料的类型、品种和数量采用岩相法进行检验。应采用砂浆长度法和快速砂浆法，对骨料中含有的活性二氧化硅进行碱活性检验。应采用岩石柱法来检验含有活性硅酸盐的骨料。

经上述检验，当判定骨料存在潜在碱—碳酸盐反应危害时，不宜用作混凝土骨料，否则应通过专门的混凝土试验做最后评定。

当判定骨料存在潜在碱—骨料反应危害时，应控制混凝土中的碱含量不超过 $3kg/m^3$，或采用能抑制碱—骨料反应的有效措施。

（五）外加剂

外加剂品种应通过试验室进行试配后确定，进场前要求提供商出具合格证和质保单等。

目前常用外加剂有高性能减水剂、高效减水剂、普通减水剂、引气减水剂、泵送剂、早强剂、缓凝剂、引气剂、膨胀剂、抗冻剂、抗渗剂等。

外加剂产品品质应均匀、稳定。为此，应根据外加剂品种，定期选测下列项目：固体含量或含水量、pH 值、比重、密度、松散容重、表面张力、起泡性、氯化物含量、主要成分含量（如硫酸盐含量、还原糖含量、木质素含量等）、钢筋锈蚀快速试验、净浆流动度、净浆减水率、砂浆减水率、砂浆含气量等。其质量应符合现行国家标准《混凝土外加剂》GB8076 的规定。

（六）粉煤灰

粉煤灰应符合现行国家标准《用于水泥和混凝土中粉煤灰》GB/T1596 中的 I 级或 II 级各项技术性能及质量指标，粉煤灰进场前要求提供商出具合格证和质保单等，按批次对其细度等进行检验。

（七）矿粉

矿粉进场前要求提供商出具合格证和质保单等，按批次对其活性指数、氯离子含量、细度及流动度比等进行检验，应符合现行国家标准《用于水泥和混凝土中的粒化高炉矿渣粉》GB/T18046 的规定。

（八）拌合用水

混凝土拌合用水按水源可分为饮用水、地表水、地下水、以及经适当处理或处置后的工业废水（中水）。按 pH 值、碱含量、氯离子含量等进行检测，其指标应符合现行行业标准《混凝土拌合用水标准》JGJ63 的规定。

二、钢筋与钢材

（一）钢筋

钢筋是指钢筋混凝土和预应力钢筋混凝土用钢材，包括光圆钢筋、带肋钢筋、扭转钢筋。钢筋混凝土用钢筋是指钢筋混凝土配筋用的直条或盘条状钢材，交货状态为直条和盘圆两种。

钢筋种类很多，通常按化学成分、生产工艺、轧制外形、供应形式、直径大小以及在结构中的用途进行分类。

钢筋性能指标：①钢筋应无有害的表面缺陷，按盘圆交货的钢筋应将头尾有害缺陷部分切除。钢筋表面不得用横向裂纹、结疤和折痕，允许有不影响钢筋力学性能和连接的其他缺陷。②钢筋的弯曲度不得影响正常使用，钢筋每米弯曲度不应大于 4mm，总弯曲度不大于钢筋总长度的 0.4%。钢筋的端部应平齐，不影响连接器的通过。弯芯直径弯曲 180° 后，钢筋受弯曲部位表面不得产生裂纹。③构件连接钢筋采用套筒灌浆连接和浆锚搭接连接时，应采用热轧带肋钢筋；预制构件的吊环应采用未经冷加工的 HPB300 级钢筋制作。④当预制构件中采用钢筋焊接网片配筋时，应符合现行行业标准《钢筋焊接网混凝土结构技术规程》JGJ114 的规定。[1]

（二）螺旋肋钢丝

预应力混凝土用螺旋肋钢丝（公称直径 DN 为 4、4.8、5、6、6.25、7、8、9、10）的规格及力学性能，应符合现行国家标准《预应力混凝土用钢丝》GB/T5223 的规定。

（三）钢材

钢材一般采用普通碳素钢。其中最常用的 Q235 低碳钢，其屈服点为 235MPa，抗拉强度为 375 ～ 500MPa。Q345 低合金高强度钢，其塑性、焊接性良好，屈服强度为 345MPa。

预制构件吊装用内埋式螺母或吊杆及配套的吊具，应符合现行国家标准的规定。预埋件锚板用钢材应采用 Q235、Q345 级钢，钢材等级不应低于 Q235B；钢材应符合现行国家标准《碳素结构钢》GB/T700 的规定。预埋件的锚筋应采用未经冷加工的热轧钢筋制作。装配整体式混凝土结构中，应积极推广使用高强度钢筋。预制构件纵向钢筋宜使用高强度钢

---

①中国建筑金属结构协会钢结构专家委员会.装配式钢结构建筑技术研究及应用 [M].
北京：中国建筑工业出版社，2017，第 56 页.

筋，或将高强度钢材用于制作承受动荷载的金属结构件。

（四）焊接材料

手工焊接用焊条质量，应符合现行国家标准《碳钢焊条》GB/T5117、《低合金钢焊条》GB/T5118 的规定。选用的焊条型号应与主体金属相匹配。

自动焊接或半自动焊接采用的焊丝和焊剂，应与主体金属强度相适应，焊丝应符合《熔化焊用钢丝》GB/T14957 或《气体保护焊用钢丝》GB/T14958 的规定。

可采用 T50X 型钢作为锚板（Q235B 级钢）和锚筋（HRB400 级钢筋）之间的焊接材料。可采用 T42 型钢作为 Q235B 级钢之间的焊接材料。

三、常用模板及支撑材料

（一）木模块、木方

所用模板为 12mm 或 15mm 厚竹、木胶板，材料各项性能指标必须符合要求。木方的含水率不大于 20%。木材材质标准符合现行国家标准《木结构设计规范》GB50005 的规定。

木脚手板选用 50mm 厚的松木质板，其材质符合现行国家标准《木结构设计规范》GB50005 中对 II 级木材的规定。木脚手板宽度不得小于200mm，两头须用 8# 铅丝打箍。腐朽、劈裂等不符合一等材质的脚手板禁止使用。

垫板采用松木制成的木脚手板，厚度 50mm，宽度 200mm，板面挠曲≤12mm，板面扭曲≤5mm，不得有裂纹。

（二）钢模板

钢材选用采用现行国家标准《碳素结构钢》GB/T700 中的相关标准。一般采用 Q235 钢材。模板必须具备足够的强度、刚度和稳定性，能可靠地承受施工过程中的各种荷载，保证结构物的形状尺寸准确。模板设计中考虑的荷载为：①计算强度时考虑，浇筑混凝土对模板的侧压力＋倾倒混凝土时产生的水平荷载＋振捣混凝土时产生的荷载。②验算刚度时考虑，浇筑混凝土对模板的侧压力＋振捣混凝土时产生的荷载。③钢模板加工制作允许偏差。钢模加工宜采用数控切割，焊接宜采用二氧化碳气体保护焊。

模板接触面平整度、板面弯曲、拼装缝隙、几何尺寸等应满足相关设计要求，允许偏差及检验方法应符合相关标准规定。

（三）钢管及配件

1. 钢管

选用 φ48.3mm×3.6mm 焊接钢管，并符合《直缝电焊钢管》GB/T13973 或《低压流体输送用焊接钢管》GB/T3091 中规定的 Q235-A 级钢，其材性应符合《碳素结构钢》GB/T 700 的相应规定，用于立杆、横杆、剪刀撑和斜杆的长度为 4.0～6.0m。

报废标准：钢管弯曲、压扁、有裂纹或严重锈蚀。

安全色：防护栏杆为红白相间色。

2. 扣件

扣件采用机械性能不低于 KTH330-08 的可锻铸铁或铸钢制造，并应满足《钢管脚手架扣件》GB15831 的规定。铸件不得有裂纹、气孔。

扣件与钢管的贴合面必须严格整形，保证与钢管扣紧时接触良好，当扣件夹紧钢管时，开口处的最小距离不小于 5mm。

扣件活动部位能灵活转动，旋转扣件的两旋转面间隙小于 1mm。扣件表面进行防锈处理。扣件螺栓拧紧扭力矩值不应小于 40N·m，且不应大于 65N·m。

3.U 形托撑

力学指标必须符合规范要求：U 形可调托撑受压承载力设计值不小于 40kN，支托板厚度不小于 5mm。螺杆外径不得小于 36mm，直径与螺距应符合现行国家标准《梯形螺纹第 2 部分：直径与螺距系列》GB/T5796.2 和《梯形螺纹第 2 部分：直径与螺距系列》GB/T5796.3 的规定。螺杆与支托板焊接应牢固，焊缝高度不得小于 6mm，螺杆与螺母旋合长度不得少于 5 扣，螺母厚度不得小于 30mm。

4. 钢管脚手架系统的检查与验收

钢管应有产品质量合格证并符合相关规范规定要求，扣件的质量应符合相关规定的使用要求，木脚手板的宽度不宜小于 200mm，厚度不小于 50mm，可调托撑及构配件质量应符合规范要求；可调托撑外径不得小于 36mm，螺杆与支托板焊接应牢固，焊缝高度不得小于 6mm；可调托撑螺杆与螺母旋合长度不得少于 5 扣，螺母厚度不得小于 30mm；可调托撑受压承载力设计值不应小于 40kN，支托板厚度不应小于 5mm。

（四）独立钢支撑、斜撑

1. 主要构配件

独立钢支柱支撑系统由独立钢支柱支撑、水平杆或三脚架组成。

独立钢支柱支撑由插管、套管和支撑头组成，分为外螺纹钢支柱和内螺纹钢支柱。套管由底座、套管、调节螺管和调节螺母组成。插管由开有销孔的钢管和销栓组成。支撑头可采用板式顶托或 U 型支撑。

连接杆宜采用普通钢管，钢管应有足够的刚度。三脚架宜采用可折叠的普通钢管制作，应具有足够的稳定性。

2. 材料要求

插管、套管应符合现行国家标准《直缝电焊钢管》GB/T13793、《低压流体输送用焊接钢管》GB/T3091 中的 Q235B 或 Q345 级普通钢管的要求，其材质性能应符合现行国家标准《碳素结构钢》GB/T700 或《低合金高强度结构钢》GB/T1591 的规定。

插管规格宜为 $\phi48.3mm \times 2.6mm$，套管规格宜为 $\phi57mm \times 2.4mm$，钢管壁厚（t）允许偏差为 $\pm10\%$。插管下端的销孔宜采用 $\phi13mm$，间距 125mm 的销孔，销孔应对称设置；插管外径与套管内径间隙应小于 2mm；插管与套管的重叠长度不小于 280mm。

底座宜采用钢板热冲压整体成型，钢板性能应符合现行国家标准《碳素结构钢》GB/T700 中 Q235B 级钢的要求，并经 600℃～ 650℃的时效处理。底座尺寸宜为 150mm×150mm，板材厚度不得小于 6mm。

支撑头宜采用钢板制造，钢板性能应符合现行国家标准《碳素结构钢》GB/T700 中 Q235B 级钢的要求。支撑头尺寸宜为 150mm×150mm，板材厚度不得小于 6mm。支撑头受压承载力设计值不应小于 40kN。

调节螺管规格应不小于 57mm×3.5mm，应采用 20 号无缝钢管，其材质性能应符合现行国家标准《结构用无缝钢管》GB/T8162 的规定。调节螺管的可调螺纹长度不小于210mm，孔槽宽度不应小于13mm，长度宜为130mm，槽孔上下应居中布置。

调节螺母应采用铸钢制造，其材料机械性能应符合现行国家标准《一般工程用铸造碳钢件》GB11352中ZG270-500的规定。调节螺母与可调螺管啮合不得少于6扣，调节螺母高度不小于40mm，厚度应不小于10mm。

销栓应采用镀锌热轧光圆钢筋，其材料性能应符合现行国家规范《钢筋混凝土用钢第1部分热轧光圆钢筋》GB1499.1的相关规定。销栓直径宜为φ12mm，抗剪承载力不应小于60kN。

3. 质量要求

构配件应由专业厂家负责生产。生产厂家应对构配件外观和允许偏差项目进行质量检查，并应委托具有相应检测资质的机构对构配件进行力学性能试验。

构配件应按照现行国家标准《计数抽样检验程序第1部分：按接收质量限（AQL）检索的逐批检验抽样计划》GB/T2828.1的有关规定进行随机抽样。

构配件外观质量应符合下列要求：插管、套管应光滑、无裂纹、无锈蚀、无分层、无结疤、无毛刺等，不得采用横断面接长的钢管；插管、套管的钢管应平直，直线度允许偏差不应大于管长的1/500，两端应平整，不得有斜口、毛刺；各焊缝应饱满，焊渣应清除干净，不得有未焊透、夹渣、咬边、裂纹等缺陷。

构配件防锈漆涂层应均匀，附着应牢固，油漆不得漏、皱、脱、淌；表面镀锌的构配件，镀锌层应均匀一致。

主要构配件上应有不易磨损的标识，应标明生产厂家代号或商标、生产年份、产品规格和型号。

4. 国内部分独立钢支撑技术参数

独立钢支撑一般用工具式钢管立柱性能CH型和YJ型工具式钢管支柱的规格和力学性能应符合规定。另有部分企业自行开发了其他独立钢支撑。

斜支撑为安装剪力墙结构中内墙板和外墙板、框架结构中外挂板时的固定支撑。

四、常用防水及保温材料

（一）基础防水材料的选择

一般来说，防止雨水、地下水、腐蚀性液体以及空气中的湿气、蒸汽等侵入建筑物的材料基本上都统称为防水材料。

现在市场上的防水材料众多，很多人不知道怎么去选择，但是防水对于自建房来说，非常关键。防水材料的质量不好，导致的结果就是返潮、长霉，进而影响结构安全与环境健康。对于常见的防水材料，可以从以下几个方面入手进行挑选。

（1）就防水卷材而言，首先看外观。①看卷材厚度是否均匀一致。②看表面有无气泡、麻坑，是否平整、美观等。③看断面油质光亮度。④看胎体位置有无未被浸透的现象（常说的露白槎），是否居中。⑤看覆面材料是否粘结牢固。

（2）防水涂料。首先应看看是否有沉淀物，颜色是否纯正等，然后将样品放入盛有清水的杯中泡一泡，看看有无膨胀现象，水是不是变得浑浊，有无乳液析出，然后取出样片，看看拉伸时的现象，如果变糟变软，那么这样的材料一旦长期处于泡水的环境，是不能保证防水质量的，这对建筑物是非常不利的。

（3）闻一闻气味。以改性沥青防水卷材来说，符合国家标准的合格产品，基本上没有什么气味。在闻的过程中，要注意以下几点：①有无废机油的味道；②有无废胶粉的味道；③有无苯的味道；④有无其他异味。质量好的改性沥青防水卷材在施工烘烤过程中，不太容易出油，一旦出油后就能粘结牢固。而有些材料极易出油，是因为其中加入了大量的废机油等溶剂，使得卷材变得柔软，然而当废机油挥发掉后，在很短的时间内，卷材就会干缩发硬，各种性能指标就会大幅下降，使用寿命大大减少。一般来说，对于防水涂料而言，有各种异味的涂料大多属于非环保涂料，应慎重选择。

（4）多问。多向商家询问、咨询，从了解的内容来分析、辨别、比较材料的质量。主要打听一下：①厂家原材料的产地、规格、型号。②生产线及设备状况。③生产工艺及管理水平。

（5）试一试。对于防水材料可以多试一试，比如可以用手摸、折、烤、撕、拉等，以手感来判断材料的质量。

以改性沥青防水卷材来说，应该具有以下几个方面的特点：①手感柔软，有橡胶的弹性；②断面的沥青涂盖层可拉出较长的细丝；③反复弯折，其折痕处没有裂纹。质量好的产品，在施工中无收缩变形、无气泡出现。

而三元乙丙防水卷材的特点则是：①用白纸摩擦表面，无析出物。②用手撕，不能撕裂或撕裂时呈圆弧状的质量较好。

对于刚性堵漏防渗材料来说，可以选择样品做实验，在固化后的样品表面滴上水滴，如果水滴不吸收，呈球状，质量就相对较好，反之则是劣质品。

（二）屋面防水材料的选择

经常使用的屋面防水材料主要包括以下几种：合成高分子防水卷材、高聚物改性沥青防水卷材、沥青防水卷材、高聚物改性沥青防水涂料、合成高分子防水涂料和细石混凝土等。

1. 合成高分子防水卷材

它是以合成橡胶、合成树脂或两者的共混体为基料，制成的可卷曲的片状防水材料。合成高分子防水卷材具有以下特点，见表 3-2-12 所示。

表 3-2-12 合成高分子防水卷材的特点

合成高分子防水卷材特点	匀质性好
	拉伸强度高，完全可以满足施工和应用的实际要求
	断裂伸长率高：合成高分子防水卷材的断裂伸长率都在 100% 以上，有的高达 500% 左右，可以较好地适应建筑工程防水基层伸缩或开裂变形的需要，确保防水质量
	抗撕裂强度高
	耐热性能好：合成高分子防水卷材在 100℃ 以上的温度条件下，一般都不会流淌和产生集中性气泡
	低温柔性好：一般都在 -20℃ 以下，如三元乙丙橡胶防水卷材的低温柔性在 -45℃ 以下
	耐腐蚀能力强：合成高分子防水卷材的耐臭氧、耐紫外线、耐气候等能力强，耐老化性能好，比较耐用

2. 高聚物改性沥青防水卷材

它是以合成高分子聚合物改性沥青为涂盖层，纤维织物或纤维毡为胎体，粉状、粒状、片状或薄膜材料为覆面材料，制成可卷曲的片状材料。高聚物改性沥青卷材常用的有弹性体改性沥青卷材（SBS 改性沥青卷材）

和塑性体改性沥青卷材（APP 改性沥青卷材）两种。

3. 沥青防水卷材

它指的是有胎卷材和无胎卷材。凡是用厚纸或玻璃丝布、石棉布、棉麻织品等胎料浸渍石油沥青制成的卷状材料，称为有胎卷材；将石棉、橡胶粉等掺入沥青材料中，经碾压制成的卷状材料称为辊压卷材，即无胎卷材。

4. 高聚物改性沥青防水涂料

以沥青为基料，用合成高分子聚合物进行改性，配制成的水乳型或溶剂型防水涂料。与沥青基涂料相比，高聚物改性沥青防水涂料在柔韧性、抗裂性、强度、耐高低温性能、使用寿命等方面都有了较大的改进。常用的建材有氯丁橡胶改性沥青涂料、SBS 改性沥青涂料及 APP 改性沥青涂料等。

5. 合成高分子防水涂料

它是以合成橡胶或合成树脂为主要成膜物质，配制成的单组分或多组分的防水涂料。由于合成高分子材料本身的优异性能，以此为原料制成的合成高分子防水涂料具有高弹性、防水性、耐久性和优良的耐高低温性能。常用的建材有聚氨酯防水涂料、丙烯酸防水涂料、有机硅防水涂料等。

（三）墙体保温材料的选择

墙体保温材料的选择可根据所选择的墙体保温方法选择材料，其主要内容见表 3-2-13。

表 3-2-13 墙体保温做法及材料选择

名称	材料选择技巧
内保温法	常用的做法有贴保温板、粉刷石膏（即在墙上粘贴聚苯板，然后用粉刷石膏做面层）、聚苯颗粒胶粉等。内保温虽然保温性能不错，施工也比较简单，但是对外墙某些部位，如内外墙交接处则难以处理，从而形成"热桥"效应。另外，将保温层直接做在室内，一旦出现问题，维修时对居住环境影响较大
外保温法	保温材料可选用聚苯板或岩棉板，采取粘结及锚固件与墙体连接，面层做聚合物砂浆用玻纤网格布增强；对现浇钢筋混凝土外墙，可采取模板内置保温板的复合浇筑方法，使结构与保温同时完成；也可采取聚苯颗粒胶粉在现场喷、抹形成保温层的方法；还可以在工厂制成带饰面层的复合保温板，到现场安装，用锚固件固定在外墙上

夹心保温法	即把保温材料（聚苯、岩棉、玻璃棉等）放在墙体中间，形成夹芯墙。这种做法将墙体结构和保温层同时完成，对保温材料的保护较为有利。但由于保温材料把墙体分为内外"两层"，因此在内外层墙皮之间必须采取可靠的拉结措施，尤其是对于有抗震要求的地区，措施更是要严格到位

（四）屋面保温材料的选择

市面上屋面保温材料有很多种类，应用范围也很广。屋面保温材料应选用孔隙多、表观密度小、导热系数（小）的材料。常用屋面保温材料的主要内容见表 3-2-14。

表 3-2-14 常用屋面保温材料

名称	内容
憎水珍珠岩保温板	它具有重量轻、憎水率高、强度好、导热系数小、施工方便等优点，是其他材料无法比拟的。它广泛用于屋顶、墙体、冷库、粮仓及地下室的保温、隔热和各类保冷工程
岩棉保温板	以玄武岩及其他天然矿石等为主要原料，经高温熔融成纤维，加入适量胶粘剂，固化加工而制成。建筑用岩棉板具有优良的防火、保温和吸声性能。它主要用于建筑墙体、屋顶的保温隔声，建筑隔墙、防火墙、防火门的防火和降噪
膨胀珍珠岩	它具有无毒、无味、不腐、不燃、耐碱、耐酸、重量轻、绝热、吸声等性能，使用安全，施工方便
聚苯乙烯膨胀泡沫板	它属于有机类保温材料，是以聚苯乙烯树脂为基料，加入发泡剂等辅助材料，经加热发泡而成的轻质材料
XPS 挤塑聚苯乙烯发泡硬质隔热保温板	由聚苯乙烯树脂及其他添加剂通过连续挤压出成型的硬质泡沫塑料板，简称 XPS 保温板。XPS 保温板因采用挤压过程而制造出拥有连续均匀的表面及闭孔式蜂窝结构，这些蜂窝结构的互连壁有一致的厚度，完全不会出现间隙。这种结构让 XPS 保温板具有良好的隔热性能、低吸水性和抗压强度高等特点

泡沫混凝土保温隔热材料	利用水泥等胶凝材料，大量添加粉煤灰、矿渣、石粉等工业废料，是一种利废、环保、节能的新型屋顶保温隔热材料。泡沫混凝土屋面保温隔热材料制品具有轻质高强、保温隔热、物美价廉、施工速度快等显著特点。既可制成泡沫混凝土屋面保温板，又可根据要求现场施工，直接浇筑，施工省时、省力
玻璃棉	属于玻璃纤维中的一个类别，是一种人造无机纤维。采用石英砂、石灰石、白云石等天然矿石为主要原料，配合一些纯碱、硼砂等化工原料熔成玻璃。在融化状态下，借助外力吹制成絮状细纤维，纤维和纤维之间为立体交叉，互相缠绕在一起，呈现出许多细小的间隙，具有良好的绝热、吸声性能
玻璃棉毡	为玻璃棉施加胶粘剂，加温固化成型的毡状材料。其容重比板材轻，有良好的回弹性，价格便宜、施工方便。玻璃棉毡是为适应大面积敷设需要而制成的卷材，除保持了保温隔热的特点外，还具有十分优异的减振、吸声特性，尤其对中低频和各种振动噪声均有良好的吸收效果，有利于减少噪声污染，改善工作环境

第三节　装配式混凝土结构体系与具体设计

一、装配式混凝土结构体系

（一）装配式剪力墙结构技术体系

全国目前有大批的高层住宅项目在采用装配整体剪力墙结构，主要位于一些发达的城市，如北京、上海、深圳、沈阳、哈尔滨、合肥、济南、长沙、南通等城市。按照预制构件的受力和连接方式，可分为装配整体式剪力墙结构、多层剪力墙结构、叠合板剪力墙结构。建筑高度大的建筑物适用于装配整体式剪力墙结构；多层建筑和低烈度区高层建筑适用于叠合板剪力墙；现如今采用多层剪力墙结构的建筑还比较少，但是因为其高效简便的优点，在推进新型城镇化建设中有着广阔的前景。此外，目前采用较多的是结构主体采用现浇方式的剪力墙结构，而外墙、楼板、隔墙、楼梯等采用工厂生产预制构件的形式。这种结构设计和现浇结构基本相同，工业化程度和装配率程度较低，在我国的南方部分省市采用这种方式的较多。

1. 装配整体式剪力墙结构体系

装配整体式剪力墙结构中，预制构件的采用一般多为外墙的全部或部分，通过采用湿式连接的方式来加固构件之间的拼缝，其结构性能和现浇结构基本是相同的，设计方法按照现浇结构进行。结构采用的是预制楼梯、预制叠合板、设置水平现浇带或者圈梁在各层的楼面和层面。由于预制墙中竖向接缝对剪力墙刚度有一定影响，为了安全起见，适用高度较现浇结构有所降低。在 8 度（0.3g）及以下抗震设防烈度地区，对比同级别抗震设防烈度的现浇剪力墙结构最大适用高度通常降低 10m，当预制剪力墙底部承担总剪力超过 80% 时，建筑适用高度降低 20m。

目前，在国内的装配整体式剪力墙结构体系中，关键技术在于剪力墙构件之间的接缝连接形式。预制墙体竖向接缝基本采用后浇混凝土区段连接，墙板水平钢筋在后浇段内锚固或者搭接。预制剪力墙水平接缝处及竖向钢筋的连接划分为以下几种：

（1）竖向钢筋采用套筒灌浆连接，拼缝采用灌浆料填实；

（2）竖向钢筋采用螺旋箍筋约束浆锚搭接连接，拼缝采用灌浆料填实；

（3）竖向钢筋采用金属波纹管浆锚搭接连接，拼缝采用灌浆料填实；

（4）竖向钢筋采用套筒灌浆连接结合，预留后浇区搭接连接；

（5）竖向钢筋其他方式，包括竖向钢筋在水平后浇带内，采用环套钢筋搭接连接，竖向钢筋采用挤压套筒、锥套锁紧等机械连接方式并预留混凝土后浇带，竖向钢筋采用型钢辅助连接或者预埋件螺栓连接等。

以上五种连接方式，前三种相对成熟，应用较为广泛。其中，钢筋套筒灌浆连接技术，已有相关行业和地方标准，但由于套筒成本相对较高并且对施工要求也较高，因此竖向钢筋通常采用其他等效连接形式；螺旋箍筋约束钢筋浆锚搭接和金属波纹管钢筋浆锚搭接连接技术是目前应用较多的钢筋间搭接连接的两种主要形式，已有相关地方标准；底部预留后浇带钢筋搭接连接剪力墙技术体系尚处于深入研发阶段，该技术由于其剪力墙竖向钢筋采用搭接、套筒灌浆连接技术进行逐根连接，技术简便，成本较低，但增加了模板和后浇混凝土工作量，还要采取措施保证后浇混凝土的质量，暂未纳入现行行业标准。

2. 叠合板混凝土剪力墙结构体系

叠合板混凝土剪力墙将剪力墙从厚度方向划分为三层，内外两层预制，通过桁架钢筋连接，中间现浇混凝土；墙板竖向分布钢筋和水平分布钢筋通过附加钢筋实现间接搭接。该种做法目前已纳入安徽省地方标准《叠合板式混凝土剪力墙结构技术规程》DB341T810-2008，适用于抗震设防烈度为7度及以下地区和非抗震区，房屋高度不超过60m、层数在18层以内的混凝土建筑结构。

叠合板混凝土剪力墙结构是典型的引进技术，为了适用于我国的要求，尚在进行进一步的研发与改良中。抗震区结构设计应注重边缘构件的设计和构造。目前，叠合板式剪力墙结构应用于多层建筑结构，其边缘构件的设计可以适当简化，以使传统的叠合板式剪力墙结构在多层建筑中广泛应用，并且能够充分体现其工业化程度高、施工便捷、质量好的特点。

3. 底层、多层装配式剪力墙结构技术体系

3层及3层以下的建筑结构可采用多样化的全装配式剪力墙结构技

术体系,6层及6层以下的丙类建筑可以采用多层装配式剪力墙结构技术。随着我国城镇化的稳步推进,多样化的低层、多层装配式剪力墙结构技术体系今后将在我国乡镇及小城市得到大量应用,具有良好的研发和应用前景。

4. 内浇外挂剪力墙结构体系

内浇外挂剪力墙结构体系是现浇剪力墙结构配外挂墙板的技术体系,主体结构为现浇,其适用高度、结构计算和设计构造完全可以遵循与现浇剪力墙相同的原则。该体系的预制率较低,是预制混凝土建筑的初级应用形式。

(二)装配式混凝土框架结构体系

装配式框架结构的适用高度较低,适用于低层、多层建筑,其最大适用高度低于剪力墙结构及框架——剪力墙结构。因此,装配式混凝土框架结构在我国大陆地区较少应用于居住建筑,而主要应用于厂房、仓库、商场、停车场、办公楼、教学楼、医务楼、商务楼以及居住等建筑,这些结构要求具有开敞的大空间和相对灵活的室内布局,同时建筑总高度不高;相反,在日本及我国台湾等地区,框架结构则大量应用于包括居住建筑在内的高层、超高层民用建筑。全国已有多个项目采用该结构,典型项目有:福建建超集团建超服务中心1号楼工程、中国第一汽车集团装配式停车楼、南京万科上坊保障房6-05栋楼等。

装配式混凝土框架结构体系主要参考了日本和我国台湾的技术。柱竖向受力钢筋采用套筒灌浆技术进行连接,主要做法分为两种:一是节点区域预制(或梁柱节点区域和周边部分构件一并预制),这种做法将框架结构施工中最为复杂的节点部分在工厂进行预制,避免节点区各个方向钢筋交叉避让的问题,但要求预制构件精度较高,且预制构件尺寸比较大,运输比较困难;二是梁、柱分别预制为线性构件,节点区域现浇,这种做法预制构件非常规整,但节点区域钢筋相互交叉现象比较严重,这也是该种做法需要考虑的最为关键的环节。

装配式混凝土框架结构连接节点单一、简单,结构构件的连接可靠并容易得到保证,方便采用等同现浇的设计概念。框架结构布置灵活,容易满足不同的建筑功能需求,同时结合外墙板、内墙板及预制楼板或预制叠合楼板应用，预制率可以达到很高的水平，适合建筑工业化发展。

装配式混凝土框架结构，根据构件形式及连接形式，可大致分为以下几种。

（1）框架柱现浇，梁、楼板、楼梯等采用预制叠合构件或预制构件，是装配式混凝土框架结构的初级技术体系。

（2）在上述体系中采用预制框架柱，节点刚性连接，性能接近于现浇框架结构。根据连接形式，可细分为：①框架梁、柱预制，通过梁柱后浇节点区进行整体连接，是《装配式混凝土结构技术规程》JGJ1-2014中纳入的结构体系。②梁柱节点与构件一同预制，在梁、柱构件上设置后浇段连接。③采用现浇或多段预制混凝土柱，预制预应力混凝土叠合梁、板，通过钢筋混凝土后浇部分将梁、板、柱及节点连成整体的框架结构体系。④采用预埋型钢等进行辅助连接的框架体系。通常采用预制框架柱、叠合梁、叠合板或预制楼板，通过梁、柱内预埋型钢螺栓连接或焊接，并结合节点区后浇混凝土，形成整体结构。⑤框架梁、柱均为预制，采用后张预应力筋自复位连接，或者采用预埋件和螺栓连接等形式，节点性能介于刚性连接和铰接之间。⑥装配式混凝土框架结构结合应用钢支撑或者消能减震装置。这种体系可提高结构抗震性能，扩大其适用范围。南京万科江宁上坊保障房项目是这种体系的工程实例之一。⑦各种装配式框架结构的外围护结构通常采用预制混凝土外挂墙板，楼面主要采用预制叠合楼板，楼梯为预制楼梯。

（三）装配式框架—剪力墙结构体系

装配式框架—剪力墙结构体系兼有框架结构和剪力墙结构的特点，体系中剪力墙和框架布置灵活，易实现大空间，适用高度较高，可以满足不同建筑功能的要求，可广泛应用于居住建筑、商业建筑、办公建筑、工业厂房等，利于用户个性化室内空间的改造。典型项目有上海城建浦江PC保障房项目、龙信集团龙馨家园老年公寓、"第十二届全运会安保指挥中心"和南科大厦项目等。

预制框架—现浇剪力墙结构中，预制框架结构部分的技术体系同上文；剪力墙部分为现浇结构，与普通现浇剪力墙结构要求相同。这种体系的优点是适用高度大，抗震性能好，框架部分的装配化程度较高。主要缺点是现场同时存在预制和现浇两种作业方式，施工组织和管理复杂，效率不高。

预制框架—现浇核心筒结构具有很好的抗震性能。预制框架与现浇核心筒同步施工时，两种工艺施工造成交叉影响，难度较大；筒体结构先施工、框架结构跟进的施工顺序可大大提高施工速度，但这种施工顺序需要研究采用预制框架构件与混凝土筒体结构的连接技术和后浇连接区段的支模、养护等，增加了施工难度，降低了效率。

以上三种主要的结构体系都是基本等同现浇混凝土结构的设计概念，其设计方法和现浇混凝土结构基本相同。

二、装配式混凝土结构的设计

（一）结构设计的一般规定

1. 一般规定

（1）装配式结构设计的主要技术路线，是在可靠的受力钢筋连接技术的基础上，采用预制构件与后浇混凝土相结合的方法，通过连接节点合理的构造措施，将装配式结构连接成整体，保证其结构性能具有与现浇混凝土结构等同的延性、承载力和耐久性能，达到与现浇混凝土结构等同的效果。因此，装配整体式结构可以按照现浇结构进行整体计算。当同一结构层内既有预制又有现浇抗侧力构件时，在地震设计状况下，宜对现浇抗侧力构件在地震作用下的弯矩和剪力进行适当的放大。

（2）装配整体式结构的适用高度参照现行行业标准《高层建筑混凝土结构技术规程》JGJ3-2010中的规定并适当调整。根据国内外多年的研究成果，位于地震区的装配整体式框架结构，当采取了可靠的节点连接方式和合理的构造措施后，装配整体式框架的结构性能可以等同现浇混凝土框架结构。因此，对于装配整体式框架结构，当节点及接缝处采用了适当的构造并满足构造要求时，可认为其性能与现浇结构基本一致，其最大适用高度与现浇结构相同。如果装配式框架结构中节点及接缝构造措施的性能达不到等同现浇结构的要求，则其最大适用高度应适当降低。

装配整体式剪力墙结构中，墙体间的接缝数量多且构造复杂，接缝的构造措施及施工质量对结构整体的抗震性能影响较大，使得装配整体式剪力墙结构抗震性能很难完全等同于现浇结构。世界各地对装配式剪力墙结构的研究相对较少。我国近年来对装配式剪力墙结构进行了大量的研究工作，但由于对装配整体式剪力墙结构尚缺少实践经验，对于该结构体系适用高度适当从严。

框架—剪力墙结构是当前得到广泛应用的结构体系。考虑到当前的研究水平，为了保证结构整体的抗震性能，装配整体式框架—剪力墙结构的剪力墙构件宜采用现浇。装配整体式框架现浇剪力墙结构中，装配式框架的性能与现浇框架等同，因此整体结构的适用高度与现浇的框架剪力墙结构相同。

（3）装配式结构的平面及竖向布置要求，应严于现浇混凝土结构。特别不规则的建筑在地震作用下受力复杂，且会出现较多的非标准构件，不适宜采用装配式结构。

（4）预制装配式结构需要进行预制构件的运输和吊装，过大的结构自重将对工程的造价和进度产生不利的影响。因此，在确保结构安全的前提下，应结合装配式结构的技术特点，利用现代的隔震和消能减震技术，达到节材、减重、提高大震安全性的效果。采用隔震和消能减震技术的高层装配式结构在发达国家，特别是日本，获得了广泛的应用，并经受了高烈度地震的考验。相对于单纯增加竖向构件面积，通过增大结构刚度来抵抗水平作用的方法，隔震和消能减震技术显然更符合可持续发展的需要。

（5）装配式结构目前在我国方兴未艾，大量的新型体系和节点不断出现。规程是当前成熟经验的总结，但不能成为新技术发展的障碍。因此，对于规程未涉及的新型结构体系可以使用抗震性能化设计的方法，对结构的抗震安全性进行评价。结构抗震性能设计应根据结构方案的特殊性、选用适宜的结构抗震性能目标，并应论证结构方案能否满足预期的抗震性能目标要求。

（6）以福建省为例，考虑到福建地区地下水位较高，为确保地下室的功能性要求，在没有可靠实践经验和成熟构造做法的情况下，装配式结构暂时不用于地下室范围、结构转换层、平面复杂或开洞较大的楼层，作为上部结构嵌固部位的地下室楼层对整体性和传递水平力的要求较高，宜采用现浇楼盖。

（7）转换构件受力较大且在地震作用下容易破坏。为加强结构的整体性，建议转换层及相邻上一层采用现浇混凝土结构。转换梁、转换柱是保证结构抗震性能的关键部位。这些构件往往截面大、配筋多，节点构造复杂，不适合采用预制构件。

（8）在装配式结构构件及节点的设计中，除对使用阶段进行验算外，还应重视施工阶段的验算，即短暂设计状况的验算。

（9）装配式结构构件的承载力抗震调整系数与现浇混凝土结构相同。

（10）装配整体式结构的层间位移角限值均与现浇结构相同。

（11）叠合楼盖和现浇楼盖对梁刚度均有增大作用，装配式楼盖中的预制部分由于连接构造的原因对梁刚度的增大作用难以定量测算，建议在结构设计中忽略该区域对梁刚度的影响。

2. 预制构件设计

设计中应特别注意预制构件在短暂设计状况下的承载能力验算。在制作、施工、安装阶段，预制构件的荷载条件、受力状态和计算模式通常与使用阶段不同；同时预制构件的混凝土强度在此阶段往往尚未达到设计强度。因此，需要对预制构件在脱模、翻转、起吊、运输、堆放、安装等生产和施工过程中的安全性进行验算。预制构件的截面及配筋往往不是使用阶段的计算起控制作用，而是制作、施工安装阶段的计算起控制作用。

预制梁、柱构件由于节点区钢筋布置的空间需要，混凝土保护层往往较大。当保护层厚度大于 50mm 时，宜采取增设钢筋网片等措施，以控制混凝土构件的裂缝，避免保护层在施工过程中由于受力而剥离脱落。

预制板式楼梯在生产、运输、吊装过程中，受力状况比较复杂。因此，梯板板面宜配置通长钢筋，配筋数量可根据相应阶段的抗弯承载力及裂缝控制验算结果确定，最小配筋率可参照楼板的相关规定。当楼梯两端均不能滑动时，在侧向力作用下楼梯梯板中会产生轴向力，因此规定其板面和板底均应配通长钢筋。

3. 连接设计

装配整体式结构中的接缝主要指预制构件之间的接缝、预制构件与现浇和后浇混凝土之间的结合面。它主要包括梁端接缝、柱顶底接缝、墙体的竖向接缝和水平接缝等。在装配整体式结构中，接缝是影响结构受力性能的关键部位。

接缝处的压力通过后浇混凝土、灌浆料或坐浆材料直接传递；接缝处的拉力主要通过钢筋、预埋件传递；接缝处的剪力由结合面的混凝土粘结强度、键槽、粗糙面、钢筋的摩擦抗剪作用、钢筋的销栓抗剪作用承担；接缝处于受压、受弯状态时，静摩擦可承担部分剪力。预制构件连接接缝一般采用强度等级高于预制构件的后浇混凝土、灌浆料或坐浆材料。当穿过接缝的钢筋不少于构件内钢筋并且符合本规程的构造规定时，节点及接缝的正截面受压、受拉及受弯承载力不会低于构件，可不必进行承载力验算。需要进行验算时，可按照混凝土构件正截面的计算方法进行，设计混凝土强度取接缝及构件混凝土材料强度的低值，钢筋只考虑穿过接缝且有可靠锚固的部分。

接缝处的抗剪强度往往低于预制构件抗剪强度。因此，接缝需要进行受剪承载力的计算，而对各种接缝的受剪承载力提出了总的要求。

装配整体式框架结构中，框架柱的纵筋连接宜采用套筒灌浆连接，梁的水平钢筋连接可根据实际情况选用机械连接、焊接连接或者套筒灌浆连接。装配式剪力墙结构中，预制剪力墙竖向钢筋宜采用套筒灌浆连接，水平分布筋的连接可采用焊接、搭接等形式。

试验表明，预制梁端采用键槽构造时，其接缝受剪承载力通常大于粗糙面处理的接缝。键槽构造易于控制生产质量并方便检验。当键槽深度太小时，易发生承压破坏；如不会发生承压破坏，则增加键槽深度对增加受剪承载力没有明显帮助。因此，键槽深度一般控制在30mm左右。梁端键槽数量通常较少，一般为1～3个，其试验结果与计算公式吻合较好。预制墙板侧面的键槽数量相对较多，连接面的工作机理与粗糙面类似，键槽深度及尺寸可适当减小。

预制构件纵向钢筋的锚固多采用锚固板的机械锚固方式，使得伸出构件的钢筋长度较短且不需弯折，便于构件加工及安装。

4.楼盖设计

压型钢板组合楼板是指在压型钢板上浇筑混凝土形成的组合楼板；根据是否考虑压型钢板与混凝土的共同工作可分为组合板和非组合板。压型钢板的运输、储存、堆放和装卸都极为方便，可大大加快工程进度。压型钢板组合楼板在美、日等发达国家得到广泛的应用，是一种适合装配式结构的楼盖形式。

叠合板后浇层最小厚度的规定考虑了楼板整体性要求以及管线预

埋、面筋铺设、施工误差等方面的因素。预制板最小厚度的规定考虑了脱模、吊装、运输、施工等因素。当采用可靠的构造措施（如设置桁架钢筋或增设板肋）的情况下，可以考虑将预制板厚度适当减少叠合楼盖的预制板桁架钢筋构造示意图。

当板跨度较大时，为了增加预制板的整体刚度和水平叠合面抗剪性能，可在预制板内设置桁架钢筋。钢筋桁架的下弦钢筋可作为楼板下部受力钢筋使用。施工阶段验算预制板的承载力及变形时，可考虑桁架钢筋的作用，以减少预制板下的临时支撑数量。

当板跨度超过 6m 时，采用预应力混凝土预制板可取得较好的经济性；板厚大于 180mm 时，为了减轻楼板自重，推荐采用空心楼板，可在钢模板中设置各种轻质模具，浇筑混凝土后形成空心。

进行受弯构件的水平叠合面抗剪验算时首先要明确验算的对象。受弯构件叠合面抗剪失效的后果必然是新旧混凝土界面间发生了相对水平错动。因此，取叠合面以上的现浇区域作为计算隔离体显然是合适的。

目前已有的叠合板整体式接缝构造存在传力机制不明确、接缝对极限承载力存在不利影响、施工效率低、施工质量不易保证等问题。建议预制叠合板采用单向板计算模式，并对板缝进行构造处理，以保证使用阶段的观感。

为保证楼板的整体性及传递楼层面内水平力的需要，预制板内的纵向受力钢筋在板端宜伸入支座，并应符合现浇楼板下部纵向钢筋的构造要求。在预制板侧面，为了生产及安装的方便，可不伸出构造钢筋，但应设置附加钢筋以保证楼面的整体性。

产生较大的水平剪力，需配置界面抗剪钢筋来保证水平界面的抗剪能力。当有桁架钢筋时，可不单独配置抗剪钢筋；当没有桁架钢筋时，配置的抗剪钢筋可采用马镫形状，钢筋直径、间距及锚固长度应满足叠合面抗剪的需求。阳台板、空调板等采用悬臂预制构件或叠合构件时，负弯矩钢筋应可靠锚固在相邻叠合板的后浇层中。

5. 消能减震和隔震

建筑产业现代化的目标包括：提升建筑品质、减少施工现场湿作业量、减少材料消耗、减少工地扬尘和建筑垃圾等内容，以落实"节能、降耗、减排、环保"的基本国策，实现资源、能源的可持续发展。

中国城市的人口密度大，需要高层集合式住宅。在现浇结构中，剪力墙体系可以较为经济合理地满足高层集合式住宅的需求。但是对于装配式结构而言，剪力墙体系具有竖向构件多、结构自重大的缺点，既不利于构件的吊运、安装，也不利于抗震。同时，剪力墙墙体之间的接缝数量众多且构造复杂，接缝的构造措施及施工质量对结构整体的抗震性能影响较大。如何可靠、经济地处理好装配式剪力墙的接缝，仍是一个需要继续研究的课题。就可持续发展的要求来说，装配式剪力墙结构与现浇结构并没有显著的改善。因此，我国装配式结构的结构选型必须考虑到社会的实际需求和装配式结构自身的特点，探索适合装配式结构的高层体系。

对于一般的抗震结构，为保证在遭受不可预见的强烈地震时，结构不至于产生严重的破坏和倒塌，其抗震设计原则是允许结构中部分次要构件产生一定的塑性变形，可利用主体结构的延性和塑性变形来耗散地震输入能量，防止结构倒塌。这种结构抗震理念和设计方法完全依靠结构构件自身的强度和塑性变形能力来抵抗地震作用，是所谓的"硬抗"地震的方法。

对于消能减震结构，采用的是减震控制的设计思想。通过附加的消能减震装置使得主结构承受的地震作用显著减小，从而达到控制结构抗震反应，降低主结构损伤程度的目的。减震控制技术主要包括消能减震、隔震减震、质量调谐减震和主动控制减震。消能减震结构具有以下的特点和优势：①消能减震结构更为安全；②消能减震在某些情况下可能更经济且性能更优越。

消能减震结构在美国、日本等发达国家得到广泛的应用，并经受了高烈度地震的考验。大量的工程实践证明了消能减震技术路线的可靠性和先进性。消能构件均采用工厂化生产、现场安装的形式，与装配式结构在建造模式上完全契合；装配式结构在安装精度上的控制要求，使得消能构件的安装难度必然低于现浇结构。消能减震技术与混凝土预制装配式技术相结合的高层建筑体系，可以较好地满足我国当前的社会需求，有助于实现建筑产业现代化的目标。

隔震技术可应用于各种类型的装配整体式混凝土结构，但用于高宽比较大的装配整体式结构时，应进行专门研究，控制隔震支座中的拉力。防屈曲支撑、粘滞阻尼器、阻尼墙等耗能构件更适应框架结构，可增大框架结构的适用高度，减小地震力，且安装方便。

（二）框架结构设计

1. 一般规定

（1）根据国内外的研究成果，在采取了可靠的节点连接方式和合理的构造措施后，装配整体式框架结构的抗震性能可等同于现浇混凝土框架结构。因此，可采用和现浇结构相同的方法进行装配式框架的结构分析和设计。

（2）钢筋套筒灌浆连接接头技术是本规程所推荐主要连接技术，也是形成各种装配整体式混凝土结构的重要技术基础。

（3）试验研究表明，预制柱的水平接缝处，受剪承载力、轴力影响较大。当柱受拉时，水平接缝的抗剪能力较差，易发生接缝的滑移错动。因此，应通过合理的结构布置，避免柱的水平接缝处出现拉力。

2. 承载力计算

根据规程推荐的节点做法，装配式结构节点核心区的抗震要求与现浇结构完全相同。

叠合梁端结合面主要包括框架梁与节点区的结合面、梁自身连接的结合面以及次梁与主梁的结合面等几种类型。结合面的受剪承载力的组成主要包括：新旧混凝土结合面的粘结力、键槽的抗剪承载力、后浇混凝土叠合层的抗剪承载力、梁纵向钢筋的销栓抗剪作用。

本规程不考虑新旧混凝土黏结作用，是偏于安全的。取抗剪键槽的受剪承载力、后浇区域混凝土的受剪承载力、穿过结合面的钢筋的销栓抗剪作用之和作为结合面的受剪承载力。

预制柱底结合面的受剪承载力主要包括几点：新旧混凝土结合面的粘结力、粗糙面或键槽的抗剪承载力、静摩擦力、纵向钢筋的销栓抗剪、摩擦抗剪作用，其中后两者为结合面受剪承载力的主要组成部分。

3. 构造设计

考虑到预制装配式框架安装的需要，在结构设计中应注意协调框架节点处梁柱的尺寸。同时在梁柱钢筋的配筋方案的选择上，需考虑框架柱纵筋采用套筒灌浆连接所需的构造空间。选用较大直径钢筋，可减少钢筋根数，增大钢筋间距，便于钢筋连接及节点区钢筋的空间避让。套筒连接区域柱截面刚度及承载力较大，框架柱的塑性铰区可能会上移到套筒连接区域以上，因此至少应将套筒连接区域以上 500mm 高度区域内柱箍筋加密。

（三）剪力墙结构设计

1. 一般规定

（1）高层建筑的建筑规则性与结构抗震性能、经济性关系密切。不规则的建筑方案会导致结构的应力集中，传力途径复杂，扭转效应增大等问题。这些问题对装配式剪力墙结构是十分不利的，应尽量避免。目前，装配式剪力墙结构还处于发展阶段，设计、施工单位的实践经验尚不丰富；为了使装配式剪力墙体系的推广应用更加顺利，适度控制其适用范围是必要的。

（2）预制剪力墙的接缝会造成墙肢抗侧刚度的削弱；应考虑对弹性计算的内力进行调整，适当放大现浇墙肢在水平地震作用下的剪力和弯矩；同时，预制装配墙肢的剪力及弯矩不减小。这样处理偏于安全。

（3）短肢墙的轴压比通常较大，延性相对较差；装配式剪力墙结构对连接、延性、计算和构造等方面的要求均高于现浇结构，因此在高层装配式剪力墙结构中应避免过多采用短肢墙。此外，短肢墙的预制墙板拆分较为困难，生产和运输效率相对较低，对经济性、制作和安装施工的便捷性影响较大。

（4）预制剪力墙墙肢出现全截面受拉时，易出现墙身水平通缝，从而严重削弱水平接缝处的抗剪承载力，同时接缝处的抗剪刚度也会严重退化。因此，应避免出现预制剪力墙墙肢全截面受拉。编制组根据福建地区的抗震设防情况、风荷载条件进行了大量的测试。试算结果表明，当设防烈度为 7 度或 8 度时，若建筑物高宽比大于 5 或 4 时，建筑外围的剪力墙容易在加强区出现墙肢全截面受拉，不宜采用预制装配式剪力墙结构。

2. 预制剪力墙构造

可结合建筑功能和结构平立面布置的要求，根据构件的生产、运输和安装能力，确定预制构件的形状和大小。对预制墙板边缘配筋应适当加强，以形成边框，保证预制墙板在形成整体结构之前具有必要的刚度和承载力。

预制夹心外板墙根据其在结构中的作用，可以分为承重墙板和非承重墙板两类。当其作为承重墙板时，与其他结构构件共同承担垂直力和水平力；当其作为非承重墙板时，仅作为外围护墙体使用。鉴于我国目前对于预制夹心外墙板的科研成果和工程实践经验较少的实际情况，当作为承重墙时，本规程仅涉及内叶墙体承重的非组合夹心外墙板，同时，内叶墙板的要求和普通剪力墙板的要求完全相同。

3. 连接设计

（1）确定剪力墙竖向接缝位置的主要原则是便于标准化生产，方便吊装、运输和就位，并应尽量避免接缝对结构整体性能产生不良影响。

边缘构件是保证剪力墙抗震性能的重要部位，通常具有较高的配筋率和配箍率，在该区域采用套筒灌浆连接往往遇到空间不足的困难。为确保装配式剪力墙结构的整体性，提高结构的整体延性，本规程推荐边缘构件区域全部采用现浇混凝土。非边缘构件区域的剪力墙拼接位置，墙身水平钢筋在后浇段内可采用锚环的形式锚固，两侧伸出的锚环宜相互搭接。

（2）预制剪力墙竖向钢筋一般采用套筒灌浆或浆锚搭接连接，在灌浆时宜采用灌浆料将墙底水平接缝同时灌满。灌浆料强度较高且流动性好，有利于保证接缝承载力。灌浆时，预制剪力墙构件下表面与楼面之间的缝隙周围可采用封边砂浆进行封堵和分仓，以保证水平接缝中灌浆料填充饱满。

（3）套筒灌浆连接方式在日本、欧美等国家已经有长期、大量的实践经验，国内也已有充分的实验研究和相关的规程，可以用于剪力墙竖向钢筋的连接。

边缘构件是保证剪力墙抗震性能的重要构件，且钢筋较粗，每根钢筋应逐根连接。剪力墙的分布钢筋直径小且数量多，全部连接会导致施工烦琐且造价较高。同时，过多的钢筋连接接头对剪力墙的抗震性能也有不利影响。根据有关单位的研究成果，可在预制剪力墙中设置部分较粗的分布钢筋并在接缝处仅连接这些钢筋。连接钢筋的数量应满足剪力墙的配筋率和受力要求；为了满足分布钢筋最大间距的要求，在预制剪力墙中可再设置一部分较小直径的竖向分布钢筋，但其最小直径也应满足有关规范的要求。

（4）本条对洞口预制剪力墙的预制连梁与后浇圈梁组成的叠合连梁

的构造进行了说明。跨高比小于2.5的连梁受到的剪力较大，受力性能受叠合面影响较大，为确保连梁的抗剪承载力建议采用现浇方式。

（5）连梁端部钢筋锚固构造复杂，要尽量避免预制连梁在端部与预制剪力墙墙身钢筋进行直接连接。

（6）当采用后浇连梁时，纵筋可在连梁范围内与预制剪力墙预留的钢筋连接，可采用搭接、机械连接、焊接等方式。

（四）外挂墙设计

1. 一般规定

（1）外挂墙板与主体结构的可靠连接始终是墙板设计中最重要的问题。外挂墙板与主体结构应采用合理的连接节点，以保证荷载传递路径简捷，并符合计算假定。连接节点包括预埋件及连接件。其中预埋件包括主体结构中的预埋件、外挂墙板中的预埋件。通过连接件与两侧预埋件的连接，将外挂墙板与主体结构连接在一起。对有抗震设防要求的地区，应对外挂墙板和连接节点进行抗震设计。

（2）外挂墙板与主体结构之间可采用多种连接方式，应根据建筑类型、功能特点、施工吊装能力以及外挂板墙的形状、尺寸以及主体结构层间位置量等特点，确定外挂墙的类型，以及连接件的数量和位置。对外挂墙和连接节点进行设计计算时，所采用的计算简图应与实际连接构造相一致。

（3）外挂墙板板缝中的密封材料，处于复杂的受力状态中。由于目前相关的研究工作相对较少，本版规程未提出定量的计算方法。设计时应使得接缝构造满足各种功能要求。板缝不应过宽，以减少密封胶的用量，降低造价。

2. 外挂墙板设计

对外挂墙板进行持久设计状况下的承载力验算时，应计算外挂墙板在平面外的风荷载效应；当进行地震设计状况下的承载力验算时，除应计算外挂墙板平面外水平地震作用效应外，尚应分别计算平面内水平和竖向地震作用效应。特别是对开有洞口的外挂墙板，更不能忽略后者。

承重节点应能承受重力荷载、平面外风荷载和地震作用、平面内的水平和竖向地震作用；非承重节点承受除重力荷载外的各项荷载与作用。

在一定的条件下，旋转式外挂墙板可能出现重力荷载仅由一个承重节点承担的工况，应特别注意分析。

计算重力荷载效应标准值时，除应计入外挂墙板自重外，尚应计入依附于外挂墙板的其他部件和材料的自重。计算风荷载效应标准值时，应分别计算风吸力和风压力在外挂墙板及其连接节点中引起的效应。不应忽略由于各种荷载和作用对连接节点的偏心在外挂墙板和连接点中产生的效应。外挂墙板和连接点的截面和配筋设计应根据各种荷载和作用组合效应设计值中的最不利组合进行。

3.连接节点设计

外挂墙板与主体结构的连接节点应采用预埋件，不得采用后锚固的方法。不同用途的预埋件应分别设置。例如，用于连接节点的预埋件一般不同时作为用于吊装外挂墙板的预埋件。

根据日本和我国台湾的工程实践经验，点支承的连接节点一般采用在连接件和预埋件之间设置带有长圆孔的滑移垫片，形成平面内可滑移的支座。当外挂墙板相对于主体结构可能产生转动时，长圆孔宜按垂直方向设置；当外挂墙板相对于主体结构可能产生平动时，长圆孔宜按水平方向设置。

第四节 预制构件设计方法

一、混凝土预制构件工厂

（一）预制构件厂厂址选择

混凝土构件工厂化预制的生产工艺较先进，机械化程度较高，从而使生产效率大大提高，产品成本大幅降低。预制构件厂的建设需要综合考虑所在地区的条件，事先做好可行性研究，确定工厂的生产规模、产品方案和厂址选择等因素。生产规模即工厂的生产能力，指工厂每年可生产出的符合国家规定质量标准的制品数量。产品方案，即产品目录，是指产品的品种、规格及数量，产品方案主要取决于产品供应范围内基本建设对各种制品的实际需要。在确定产品方案时，必须充分考虑对建厂地区原材料资源的合理利用，特别是工业废料的综合利用。

选择厂址必须考虑到原材料运入成本和产品运出的费用，妥善处理下述关系：①厂址宜靠近主要用户，缩小供应半径，从而降低产品的运输费用；②厂址宜靠近原料产地，从而降低原材料的运费；③从降低产品加工费的目的出发，宜组织集中大型生产企业，以便采用先进生产技术及降低附加费用，但这又必然使供应半径扩大，产品运输费用增加。正确处理上述关系，有效降低预制构件的价格和建设工程的工程造价。

（二）预制构件厂厂房设计原则

预制构件厂厂房设计需要考虑工艺流程的合理性，从原材料存储到成品堆放和运出，避免倒流水。

1. 总平面设计原则

总平面设计是根据工厂的生产规模、组成和厂址的具体条件，对厂区平面的总体布置，同时确定运输线路、地面及地下管道的相对位置，使整个厂区形成一个有机的整体，从而为工厂创造良好的生产和管理条件。总平面设计的原始资料包括以下几点：

（1）工厂的组成；

（2）各车间的性质及大小；

（3）各车间之间的生产联系；

（4）建厂地区的地形、地质、水文及气象条件；

（5）建厂区域内可能与本厂有联系的住宅区、工业企业、运输、动力、卫生、环境及其他线路网以及构筑物的资料；

（6）厂区货流和人流的大小和方向。

2. 车间工艺布置

车间工艺布置是根据已确定的工艺流程和工艺设备选型等资料，结合建筑、给排水、采暖通风、电气和自动控制并考虑到运输等要求，科学设计厂房内的生产设备布置方案。车间工艺布置过程中进一步确定辅助设备和运输设备的参数和工业管道、生产场地的面积。

工艺布置时，应注意以下原则：

（1）保证车间工艺顺畅，力求避免原料和半成品的流水线交叉现象，缩短原料和半成品的运距，使车间布置紧凑；

（2）保证各设备有足够的操作和检修场地，保证车间的通道面积；

（3）应考虑有足够容量的原料、半成品、成品的料仓或堆场，与相邻工序的设备之间有良好的运输联系；

（4）保证车间内某些设备或机组机房进行的间隔（如防噪声、防尘、防潮、防蚀、防振等）满足相应的安全技术和劳动保护要求；

（5）车间柱网、层高符合建筑模数制的要求，在进行车间工艺布置时，必须注意到两个方面的关系：一个是主要工序与其他工序间的关系；另一个是主导设备与辅助设备和运输设备间的关系。设计时可根据已确认的工艺流程，按主导设备布置方法对各部分进行布置，然后以主要工序为中心将其他部分进行合理的搭接。

（三）机组流水线生产方法

机组流水线法的特征和优势是机组流水线法是模具在生产线上循环流动，而不是机器和工人在生产线中循环，能够同时生产简单的产品和复杂的产品，而不同产品的生产工序之间互不影响。

机组流水线法生产不同预制构件产品所需要的时间（即节拍）是不同的，按节拍时间可分为固定节拍（例如，轨枕、管桩生产流水线等）和柔性节拍（例如，预制构件等）。固定节拍的特点是效率高、产品质量可靠，适应产品单一、标准化程度高的产品。柔性节拍的特点是流水相对灵活，对产品的适应性较强。机组流水线法能够同步灵活地生产不同的产品，生产操作控制更为简单。从生产效率和质量管理角度考虑，机组流水线法是能够满足装配式建筑产业发展需求的生产方式。

二、混凝土预制构件生产工艺流程

混凝土预制构件生产工艺流程包括：生产准备、模具制作和拼装、饰面材料加工及铺贴、混凝土材料检验及拌和、钢筋骨架入模、预埋件门窗保温材料固定、混凝土浇捣与养护、脱模与起吊及质量检查等。

（一）生产准备

预制构件生产前需要分析构件在生产过程中的受力状态、有效载荷的分布情况，通过软件仿真或者力学计算得出生产过程中载荷较大的工况，构件的结构设计需要充分考虑此工况，确保施工的质量以及结构的安全。

（二）模具制作和拼装

生产混凝土预制构件的模具一般由模数化、有较高精度的固定底模和根据构件特征要求设计的侧模板组成。这类模板在我国的混凝土预制构件生产中具有较好的制作通用性、加工简易性和市场通用性。生产前要用电动钢丝刷清理模具底板和侧板，按尺寸安放侧模板，模板组装时应先敲紧销钉，控制侧模定位精度，拧紧侧模与底模之间的连接螺栓。组装好的模板按设计图纸要求进行检查，模板组装就位时，要保证模板截面的尺寸、标高等符合要求。

钢筋加工及连接是预制构件生产的重要工作，包括钢筋的配料、切断、弯曲、焊接和绑扎等。传统钢筋加工质量很大程度上依赖于钢筋工人的熟练程度，随着自动化机械（如数控弯箍机、钢筋网片点焊机等）的发展，钢筋加工的质量和效率大幅提高。

（1）配料：钢筋配料是根据构件配筋图，先绘出各种形状和规格的单根钢筋简图并加以编号，然后分别计算钢筋下料长度和根数，填写配料单，申请加工。

（2）切断：钢筋经过除锈、调直后可按钢筋的下料长度进行切断。钢筋的切断应保证钢筋的规格、尺寸和形状符合设计要求，钢筋切断要合理并应尽量减少钢筋的损耗。

（3）弯曲：弯曲成形工序是将已经调直、切断、配制好的钢筋按照配料表中的简图和尺寸，加工成规定的形状。其加工顺序是：先画线，再试弯，最后弯曲成形。

（4）焊接：钢筋焊接方法常用的有闪光对焊、电阻电焊、电弧焊、电渣压力焊、气压焊和埋弧压力焊。钢筋焊接施工之前，应清除钢筋或钢板焊接部位和与电极接触的钢筋表面上的锈斑、油污、杂物等；钢筋端部若有弯折、扭曲时，应予以矫直或切除。

（5）绑扎：钢筋接头除了焊接接头以外，当受到条件限制时，也可采用绑扎接头。钢筋的交叉点都应扎牢。除设计有特殊要求之外，箍筋应与受力钢筋保持垂直；箍筋弯钩叠合处，应沿受力钢筋方向错开放置，箍筋弯钩应放在受压区。

（6）钢筋网片：采用钢筋焊接网片的形式有利于节省材料、方便施工、提高工程质量。随着建筑工业化的推进，应鼓励推广混凝土构件中配筋采用钢筋专业化加工配送的方式。全自动点焊网片生产线，可以完成钢筋调直、切断、焊接和收集等全系列工作，仅需要 1 名操作人员，可以实现全自动生产。

（三）饰面材料加工及铺贴

预制构件的瓷砖饰面宜采用瓷砖套的方式进行铺贴成型，即瓷砖饰面反打。反打工艺铺设瓷砖是指在模具里放置制作好的瓷砖套，待钢筋入模、预埋件固定等工序完成后，在模具内浇筑混凝土，这样混凝土直接与瓷砖内侧接触，粘结强度远高于水泥砂浆（或瓷砖粘结剂），而且效率高，质量好。

（四）混凝土材料检验及拌合

混凝土是以胶凝材料（水泥、粉煤灰、矿粉等）、骨料（石子、砂子）、水、外加剂（减水剂、引气剂、缓凝剂等），按适当比例配合，经过均匀拌制、密实成形及养护硬化而成的人工石材。

混凝土搅拌站是将混凝土拌合物，在一个集中点统一拌制成混凝土，用混凝土运输车分别输送到一个或多个施工现场进行浇筑，提高施工效率，解决城区扬尘污染和施工场地狭小等难题。使用预拌混凝土是混凝土行业发展的方向，全国各城市均已规定在一定范围内必须采用预拌混凝土，不得现场拌制。

拌制的混凝土拌合物的均匀性按要求进行检查。在检查混凝土均匀性时，应在搅拌机卸料过程中，从卸料流出的 $1/4 \sim 3/4$ 之间部位采取试样。

（五）钢筋骨架入模

将绑扎好的钢筋放在通用化的底模模板上，入模时应按图纸严格控制位置，放置端板，装入使钢筋精确定位的定位板，拧紧钢筋端部的紧定螺钉，以防钢筋变形，安装固定模具上部的连接板，埋件安装位置要准确、牢固。

（六）预埋件固定

预制构件中的预埋件及预留孔洞的形状尺寸和中线定位偏差非常重要，生产时应按要求进行逐个检验。定位方法应当在模具设计阶段考虑周全，增加固定辅助设施。尤其要注意控制灌浆套筒及连接用钢筋的位置及垂直度。需要在模具上开孔固定预埋件及预埋螺栓的，应由模具厂家按照图样要求使用激光切割机或钻床开孔，严禁工厂使用气焊自行开孔。预埋件要固定牢固，防止浇筑混凝土振捣过程中松动偏位，质检员要专项检查，固定在模具上的预埋件、预留孔洞中心位置在允许偏差内。

（七）混凝土浇捣与养护

混凝土浇捣包括浇筑（布料）和振捣两部分，应最大程度保证混凝土的密实度；在振捣后进行一次抹面并于混凝土即将达到初凝状态时进行二次抹面，从而保证预制构件表面的光滑，同时减少裂纹的产生。

1. 浇捣前检查

在浇筑混凝土之前，检查模板支撑的稳定性以及模板接缝的密合情况。模板和隐蔽工程项目应分别进行预检和隐蔽验收。检查模板、钢筋、保护层和预埋件等，控制其尺寸、规格、数量和位置的偏差值在现行国家标准允许的范围内。

2. 混凝土的运输自动化

预制构件自动化生产线的混凝土输料系统。可以实现搅拌楼和生产线的无缝结合，输送效率大大提高，输料罐自带称量系统，可以精确控制浇筑量并随时了解罐体内剩余的混凝土数量，从而有效降低混凝土材料损耗量。

3. 浇筑

预制构件的混凝土布料方式一般包括：手工布料、人工料斗布料和流水线自动布料几种。混凝土拌合料未入模板前是松散体，粗骨料质量较大，在布料时容易向前抛离，引起离析，从而导致混凝土外表面出现蜂窝、露筋等缺陷；内部出现内、外分层现象，会造成混凝土强度降低，产生质量隐患。为此，在操作上应避免斜向抛送，勿高距离散落。

4. 振捣

预埋件部位混凝土振捣方法尤其重要，一旦出现缺陷则不可修复，轻则会影响使用功能，重则影响结构安全。

5. 预制夹心保温外墙板

预制夹心保温外墙板的制作工艺不同于其他预制构件多采用一次浇筑成型，其特别之处在于需多次浇筑。

6. 混凝土抹面

混凝土表面应及时用泥板抹平提浆，并对混凝土表面进行抹面。人工抹面质量可控而且较为灵活，不受构件形状和角度的限制，但是需要占用大量的人工，效率较为低下。自动化生产线的振动抹面一体装置可大幅提高抹面效率，但仅局限于平面的抹面，如遇特殊形状和机器无法抹面的部位，可结合人工抹面实现效率与质量的兼顾。

7. 养护

养护是保证混凝土质量的重要环节，对混凝土的强度、抗冻性、耐久性有很大的影响。混凝土养护有三种方式：常温、蒸汽、养护剂养护。根据场地条件及预制工艺的不同，蒸汽养护可分为：平台养护窑、长线养护窑和立体养护窑等。其中长线养护窑多用于机组流水线生产组织方式，立体养护窑占地面积小，而且单位产品能耗较低。

预制混凝土构件一般采用蒸汽（或加温）养护，蒸汽（或加温）养护可以缩短养护时间，快速脱模，提高效率，减少模具和生产设施的投入。

蒸汽养护的基本要求有以下几点：

（1）采用蒸汽养护时，应分为静养、升温、恒温和降温四个阶段。

（2）静养时间根据外界温度一般为 2～3h；

（3）升温速度宜为每小时 10℃～20℃；

（4）降温速度不宜超过每小时 10℃；

（5）柱、梁等较厚的预制构件养护最高温度宜控制在 40℃，楼板、墙板等较薄的构件养护最高温度应控制在 60℃ 以下，持续时间不小于 4h。

（6）当构件表面温度与外界温差不大于 20℃ 时，方可撤除养护措施进行脱模。

（八）脱模起吊

1. 构件脱模

脱除养护罩时，为了避免由于蒸汽温度骤然升降而引起混凝土构件产生裂缝变形，必须严格控制升温和降温的速度。出窑的构件温度与环境温度相差不得大于 20℃。

拆模先从侧模开始，先拆除固定预埋件的夹具，再打开其他模板。

2. 构件起吊

脱模强度要大于设计要求，并采用 4～6 点起吊（根据构件实际情况）。

当检查产品的外观尺寸，需临时放置的时候，为了防止产品产生翘曲、划痕、掉角、裂纹，底部要垫垫木、饰面要用保护薄片。

（九）质量检查

1. 原材料质量检查

（1）水泥进场时应对其品种、级别、包装或散装仓号、出厂日期等进行检查，并应对其强度、安定性及其他必要的性能指标进行复验，其质量必须符合现行国家标准《通用硅酸盐水泥》GB175-2007的规定。

（2）当在使用中对水泥质量有怀疑或水泥出厂超过3个月（快硬性水泥超过1个月）时，应进行复验，并按复验结果使用。

（3）钢筋混凝土结构、预应力混凝土结构中，严禁使用含氯化物的水泥。

（4）混凝土用的粗骨料，其最大颗粒粒径不得超过构件截面最小尺寸的1/4，且不得超过钢筋最小净间距的3/4；对混凝土实心板，骨料的最大粒径不宜超过板厚的1/3，且不得超过40mm。

2. 混凝土质量检查

混凝土质量检查包括施工过程中的质量检查和养护后的质量检查。施工过程中的质量检查，即在混凝土制备和浇捣过程中对原材料的质量、配合比、坍落度等的检查。每一工作班至少检查两次，如遇特殊情况还应及时进行检查。

3. 构件质量检查

预制构件需进行尺寸检验和目测检验，两项检验均合格为合格品。

第四章 装配式混凝土建筑设计与施工技术

随着城市建设的节能减排，建设节约型社会等政策的出台，也给装配式混凝土结构建筑带来了新的发展机遇。装配式建筑将会成为将来我国城市建设的一个必然的发展趋势。本章首先对装配式混凝土建筑设计和混凝土预制构件的生产制作做了分析，然后阐述了混凝土装配式住宅建筑施工技术要点。

第一节 装配式混凝土建筑设计分析

一、装配式混凝土设计要点

装配式建筑主体结构布置宜简单、规整，平面凸凹变化不宜过多过深，宜选用大空间的平面布局。工业化建筑要实现工厂化大规模生产，首先应确保产品尺寸规格的标准化、模数化，这样易于产品在流水线上生产。在前期规划与方案设计阶段，宜结合构件的生产运输条件、堆放及起重设备所需空间，并考虑现场安装。

（一）总平面设计

在装配式建筑的规划设计中，由于不同于以往的施工方式，需要较大场地堆放预制的各种结构构件及部品部件。在施工场地布置前，还应进行起重机械选型定位，根据起重机械布局，合理规划场内运输道路，并根据起重机械以及运输道路的相对关系最终确定各堆场位置。在设计时应考虑可能布置的堆场范围对地下室结构的影响，应和工程完工工况相结合，考虑如何与绿化覆土荷载、消防车道荷载等重载区相结合布置，充分考虑其结构经济性。[1]

---

[1] 李纲.装配式建筑施工技能速成 [M].北京：中国电力出版社，2017，第98页.

在规划阶段总图中应考虑临时堆放场地的预留，根据构件属性不同，分承重构件、非承重构件、隔墙等构部件，预留场地可与今后场地铺装和绿化相结合。在该场地内，构件堆放场地的设计应满足构件进场便利，吊装的安全以及经济性，保证一定周期内（如吊装建筑的一层所需全部构件）构件存放空间充足，按序吊装，吊装一次起落到位（不重复起降）等要求。构件存放场地应具有一定承载力，保证构件在堆放期间受力均匀。构件存放场地的硬质铺装应便于拆除和重复利用，有利于施工完成后将此处改为绿地、广场或其他用地。构件存放场地的位置和具体尺寸的确定根据基地条件而定，当前确定构件堆放场地的工作多由施工单位来做详细布置，随着 BIM 技术在装配式建筑设计阶段的应用，建筑设计专业也逐渐做到了施工模拟的全周期演示。

此外，还应考虑构件生产及运输的条件，选址距预制构件厂运输距离应较便捷，而且要有适宜构件运输的交通条件。

（二）平面设计

装配式建筑的发展应适应建筑功能和性能的要求，建筑设计须满足功能需求，且宜选用结构规整大空间的平面布局，并遵循标准化设计、模数协调、构件工厂化加工制作、专业化施工安装的指导原则。标准化程度较高的建筑平面与空间设计宜采用标准化与模块化方法，可在模数协调的基础上以建筑单元或套型等为单位进行设计，合理布置承重墙、柱等承重构件及管井的位置。设备管线的布置应集中紧凑、合理使用空间。竖向管线等宜集中设置，集中管井宜设置在共用空间部位，对建筑的标准化程度要求比较高。在满足建筑使用空间的灵活性、舒适性的前提下，主体结构布置宜简单、规整，考虑承重墙体上下对应贯通，突出部分不宜过大，平面凹凸变化不宜过多过深，应控制建筑的体形系数，建筑平面尽量规整。确保产品尺寸规格的标准化、模数化，这样易于产品在流水线上生产，最终实现预制构件工厂化大规模生产。

例如，上海市某住宅楼 A 是上海市首个双面叠合剪力墙体系的装配式混凝土工业化住宅的示范楼，新的装配结构体系对原有方案进行优化，形成较为标准的预制体系，统一了预制构件部品等的种类，统一外立面门窗和凸窗的尺寸，并且尽可能统一构配件尺寸，使得预制构配件种类减少，此外，相对于原来的现浇一整层的楼板而言，装配式建筑把楼板分成若干组相同的预制楼板，提高了预制件的标准性、经济性和可重复性，增加了预制配构件模板的利用率，有利于提高装配式建筑的经济性。

装配式住宅建筑设计较易实现开敞、规整的建筑空间，结合这一装配式建筑工业化的特点，从居住者家庭的全生命周期角度出发，套型宜采用可变性高的大空间结构体系，合理布置承重墙及管井等位置，提高内部空间的灵活性与舒适性，套型内部空间采用可实现空间灵活分割的装配式隔墙体系，方便居住空间的改造，满足不同住户对于空间的多样化需求和居住者的舒适性要求，提高建筑的可持续性。

在建筑全生命周期中，势必出现家庭人员组成结构调整的情况，我国的家庭生命周期大概有50年的时间，在家庭形成期（5年左右），年轻夫妻可考虑1～2个居室空间，满足2个人的基本居住要求。在家庭发展时期（10年左右），随着孩子的出生和长大，内部空间可以实现重新分割，满足3个居室的基本居住要求。因此，我们一般考虑家庭组成由两人世界的夫妻家庭、夫妇带一个或两个子女的核心家庭，以及夫妇带一个子女及两个老人的三代人口的主干家庭及适老性住宅等基本情况。对适老性住宅的空间进行针对性的、合理的设计。介助式适老住宅主要针对生理机能衰退，行动迟缓，但有一定行动能力的老人。在空间设计上尤为注意老年人的神经系统、运动系统、免疫系统的退化。设计上考虑开关的位置、窗台标高降低、设置导轨辅助搬运老人、地面无高差等细节。介护式适老住宅主要针对基本丧失自主行动能力的老人。考虑设置一定的护理人员的配置，设置紧急报警按钮及拉绳等。

（三）立面设计

1. 外墙一体化设计

装配式建筑的围护结构应根据主体结构形式和地域气候特征等要求，合理选择并确定其装配程度和围护结构的种类。钢筋混凝土结构预制外墙应考虑外立面分格、饰面颜色与材料质感等细部设计要求，满足建筑外立面多样化和经济美观的要求。钢筋混凝土结构预制外墙设计应采用高耐久性的建筑材料，应符合模数化设计、工厂化生产的要求，便于施工安装。

外墙一体化就是将外墙抹灰、防水、保温隔热、装饰装修等功能集成到一个分项工程。由一个分项工程一次性施工，即完成外墙防水、保温隔热、装饰等全部功能，这样许多材料就可在厂里完成预制，从而减少人工误差和现场施工材料的浪费，提升建筑品质，同时可以大幅度缩减施工工期，更有效地降低综合成本，实现工厂制造一体化和拼装一体化。

装配式混凝土结构预制外墙板的接缝、门窗洞口等设计应结合工程、材料、构造及施工条件进行综合考虑，满足结构、热工、防水、防火、耐久性及建筑装饰等要求。装配式建筑外墙板的接缝等防水薄弱部位设计应采用材料防水、构造防水和结构防水相结合做法。装配式建筑外墙外饰面及门窗框宜在工厂加工完成，钢筋混凝土结构预制外墙的面砖饰面可在工厂预制，不应采用后贴面砖、后挂石材的工艺和方法。钢筋混凝土结构预制外墙应满足建筑防火要求，与梁、板、柱相连处的填充材料宜选用不燃材料。

以非承重构件外挂墙板为例，外挂墙板是指起围护、装饰作用的非承重预制混凝土墙板，通常采用预埋件或留出钢筋与主体结构实现连接。应满足主体结构层间位移的要求，应连接可靠，连接件满足耐久性要求。装配式建筑外墙的门窗应采用规格尺寸标准化的系列产品。装配式建筑门窗应与外墙可靠连接，采用密封胶密封，确保接缝处不渗水。

对于传统的现浇混凝土结构来说，外围护墙在主体结构完成后采用砌块砌筑，这种墙也被称作二次墙。为了加快施工进度、缩短工期，将外围护墙改成钢筋混凝土墙，将墙体进行合理分割及设计后，在工厂预制，再运至现场进行安装，实现了外围护墙与主体结构的同时施工。

预制外挂墙板通常为单层的预制混凝土板。根据需要，有时需要将保温板置入混凝板内并整体预制，这样便形成了两侧为预制混凝土板、中间为保温层的预制夹芯墙板，两侧的预制混凝土板通过连接件连接，这种板也被称作三明治板。

此外，对于预制外墙的饰面而言，宜采用装饰混凝土、涂料、面砖、石材等耐久、不易污染的材料，考虑外立面分格、饰面颜色与材料质感等细部设计要求，并体现装配式建筑立面造型的特点。

装饰混凝土结合装饰与功能，充分利用混凝土的可塑性等特点，在装配式外墙和构件成型的时候采取适当的措施，使其表面具有装饰性的线条、图案、纹理、质感及色彩等，满足建筑在立面个性化和装饰等方面的要求。具有耐久性好、灵活性强、性价比高和装饰效果好等特点。

如芬兰的某档案馆和某建筑的装配式外墙，其预制外墙利用混凝土可塑性成形的特点，将混凝土制品按照设计的艺术造型进行制作，使混凝土表面带有几何图案或立体浮雕花饰，既美观耐久，又经济实用。

建筑外墙装饰构件宜结合外墙板整体设计，应注意独立的装饰构件与外墙板连接处的构造，满足安全、防水及热工设计等的要求。预制外墙的面砖或石材饰面宜在构件厂采用反打或其他工厂预制工艺完成，不宜采用后贴面砖、后挂石材的工艺和方法。预制外墙使用装饰混凝土饰面时，设计人员应在构件生产前先确认构件样品的表面颜色、质感、图案等要求。[①]

2. 表现与风格

目前，我国装配式混凝土建筑细部更注重功能性细部与结构构件细部的处理。在现有装配式混凝土建筑中，装饰性细部构件的设计仍有较大提升空间。因此，应以技术创新为基点，丰富装配式混凝土建筑的立面表现，对装配式混凝土建筑的结构性能、现场装配方法、预制化生产方式等方面进行研究，从设计院图纸到建筑工厂半成品再到现场装配完成的流程全程进行统一调控。

装配式混凝土建筑结合自身特点，可以从以下三方面发展。

首先，表现重复主题及韵律美。装配式混凝土建筑的各个构部件具有标准化和系列化的特点，这点正是工业化可以批量生产的特征之一。20 世纪 60 年代，波普艺术家 Andy Warhol 用作品《绿色可口可乐瓶》表达了他对工业化时代的艺术认知。210 个以 30×7 矩阵整齐排列的可口可乐瓶，展示了用完全相同的元素重复排列的工业化的独特表现力。这种重复主题的手法不仅在 20 世纪五六十年代成为现代工业化建筑的常用表现方法，在今天的建筑中，也是极简主义建筑表皮设计中的基本手法之一。

第二，重视连接节点的设计。经过千百年的岁月洗礼，在古典建筑中建筑构件之间应有的连接节点都已退化成难以看出本源的装饰。如西方古典建筑中模仿忍冬草的科林斯柱头、模仿檩条的檐口齿状花纹；中

---

① 郭学明. 装配式混凝土结构建筑的设计、制作与施工 [M]. 北京：机械工业出版社，2017，第 69 页.

国传统建筑中退化为装饰构件的斗拱、雀替等。装配式混凝土建筑的构件连接是出于预制构件进行装配的功能性要求，它的表现具有特有的结构之美。混凝土预制构件在连接处往往需要加大尺寸，并设了企口和榫卯。表达了构件之间的构成组合以及力的传递关系，成为现代建筑师表现装配式混凝土建筑的建筑符号。

第三，新的建筑围护材料。现在复合型的工业化围护材料拓展了建筑师对材料表达方面的建构观念。无论是起支撑作用的围护墙板，还是纯粹的围护墙保温表皮，建筑的工业化都能提供起装饰、保温或结构作用的材料生产预制墙板产品，这种外围护结构的处理成为了符合工业化建筑建造特点的基本建构原则。

这里举了个例子。

深圳万科第五园第五寓

深圳万科第五园第五寓项目是华南地区的首个预制框架结构的装配式建筑。

该项目的预制构件包括预制梁、预制柱、预制外挂墙板等。该项目以居住模块为基本单元进行设计，仅用一种开间尺寸形成两种标准户型。以居住模块为基本单位并反映在立面造型上，建筑的立面开口显得十分均质。此外，为了丰富立面，外墙采用横向与纵向纹理处理的混凝土墙板，使同质的混凝土产生材质上的感官变化。同时通过金属穿孔板的空调机位的错落排列，走廊处采用栏杆和玻璃板的组合，使立面产生横向带状长窗的错觉，增加立面的韵律感。

北京长阳半岛

中粮万科长阳半岛工业化住宅是目前北京装配化率较高的项目。该项目共4个单体，建筑面积5万平方米，运用预制外墙板、预制阳台、预制叠合板、预制飘窗、预制楼梯、预制装饰板六类预制构件，装配化率为35%。

结构施工时采用了构件安装与现浇作业同步进行的方式，预制楼梯板、预制装饰板随层安装、预制飘窗按照错层安装的方式进行，立面应用了成品阳台浮雕挂板及金属雕花空调板等部品，立面变化富有韵律而又灵动十足。

在国外的装配式建筑中，也很好地诠释了建筑的装饰性细部构件的设计，对于装饰性细部构件处理得十分细致。

利物浦百货大楼

利物浦百货大楼位于墨西哥塔巴斯科。鉴于塔巴斯科气候属于热带气候，日晒强烈，湿度低，建筑师选择混凝土作为建筑材料。为使该建筑呈现与众不同的形象，设计师进行了大量的实验，以复杂的几何形体探索混凝土的潜能。该项目的挑战是找到一个简单而有效的建筑体系，在加快立面生产、装配、安装的同时，提供一份复杂而有趣的设计提案。其外立面采用扭曲的形如螺旋桨的混凝土预制件搭建——每个螺旋桨绕轴旋转180°，高度在 16～20m 之间变化，靠近细看，混凝土预制件就像一根根纤细的木材，表面涂有酸性涂层，显现出混凝土的纹理。夜晚采用人工照明，整个建筑沉浸在变幻莫测的光影里，交叠变化的明暗色彩美轮美奂。

（四）建筑部品部件设计

建筑部品部件是具有相对独立功能的建筑产品，是由建筑材料、单项产品构成的部件、构件的总称，是构成成套技术和建筑体系的基础。部品集成是一个由多个小部品集成为单个大部品的过程，大部品可通过小部品不同的排列组合增加自身的自由度和多样性。部品的集成化不仅可以实现标准化和多样化的统一，也可以带动住宅建设技术的集成。

建筑部品是直接构成装配式建筑成品的最基本组成部分，建筑部品的主要特征首先体现在标准化、系列化、规模化生产，并向通用化方向发展；其次，建筑部品通过材料制品、施工机具、技术文件配套，形成成套技术。

（五）整体厨房、卫生间设计

1. 厨房

整体厨房是装配式住宅建筑内装部品中工业化技术的核心部品，应满足工业化生产及安装要求，与建筑结构体一体化设计、同步施工。这些模块化的部品，整体制作和加工全部实现工厂化，在工厂加工完成后运至现场可以用模块化的方式拼装完成，便于集成化建造。住宅厨房上下宜相邻布置，便于集中设置竖向管线、竖向通风道或机械通风装置，厨房应考虑和主体建筑的构造结构、机电管线接口的标准化。

2. 卫生间

住宅卫生间平面功能分区宜合理，符合建筑模数要求。住宅卫生间上下宜相邻布置，便于集中设置竖向管线、竖向通风道或机械通风装置。同层给排水管线、通风管线和电气管线等的连接，均应在设计预留的空间内安装完成。整体卫浴地面完成高度应低于套内地面完成面高度。整体卫浴应在与给水排水、电气等系统预留的接口连接处设置检修口。

对于公共建筑的卫生间，宜采用模块化标准化的整体公共卫生间。卫生间（包括公共卫生间和住宅卫生间）通过架设架空地板或设置局部降板，将户内的排水横管和排水支管敷设于住户自有空间内，实现同层排水和干式架空。以避免传统集合式住宅排水管线穿越楼板造成的房屋产权分界不明晰、噪音干扰、渗漏隐患、空间局限等问题。

二、装配式混凝土建筑设备及管线设计

（一）一般规定

设备及管线设计应满足施工和维护的方便性，且在维修更换时不影响建筑结构整体寿命和强度。装配式建筑的给排水、供暖通风空调和电气等系统及管线应进行综合设计，管线平面布置应避免交叉，竖向管线应相对集中布置。

设备管线及各种接口应采用标准化产品。预制结构构件中应尽量减少穿洞，如必须预留，则应预留孔洞位置并遵守结构设计模数网格规定。集中管道井的设置及检修口尺寸应满足管道检修、更换的空间要求。

通过装配式结构与装修设计的产业化集成，建立装配式建筑产业化体系。实现装配式建筑功能、安全、美观和经济性的统一。对装修的建筑部品部件进行模数协调和规模化生产，通过部品的标准化、系列化、配套化，实现内装部品、厨卫部品、设备部品和智能化部品的产业化集成。

（二）给排水系统

装配式住宅建筑的给排水管道应贯彻竖向管道集中，尽可能遵守套

内的横向管道不穿越楼板的原则。套内排水管线应采用同层排水敷设方式，管线不应穿越楼板进入其他住户套内空间。同层排水指排水横支管布置排水层，器具排水管不穿楼层的排水方式。可保证上层住户的管道维修、地面渗漏水不影响下层住户。

同层排水系统指在建筑排水系统中，器具排水管和排水支管不穿越本层结构楼板到下层空间、与卫生器具同层敷设并接入排水立管的排水系统，器具排水管和排水支管沿墙体敷设或敷设在本层结构楼板和最终装饰地面之间。相对于传统的隔层排水处理方式，同层排水方案最根本的理念改变是通过本层内的管道合理布局，彻底摆脱了相邻楼层间的束缚，避免了由于排水横管侵占下层空间而造成的一系列麻烦和隐患，包括产权不明晰、噪音干扰、渗漏隐患、空间局限等，同时，摆脱了楼板上卫生器具排水管道预留孔的束缚，使用户卫生间个性化布置的实现，空间得到扩大。

当前我国的集合住宅，套内排水系统与管线设计多采用排水立管竖向穿越楼板的布线方式，不方便维修，而且还存在产权不清和漏水通病等突出问题。

同层排水技术目前在国内基本上分为侧墙式同层排水技术、以我国降板（局部降板）形式为主要特点的同层排水技术、以排水汇集器等专用排水附件为核心的同层排水技术、外墙式安装系统同层排水技术四种形式。

侧墙式同层排水技术，卫生器具采用后排水方式，将大便器的水箱、排水管道及配件敷设在卫生器具后面的设备夹墙内，同时将器具排水管和排水支管安装在内。坐便器、洗手盆卫生洁具依靠一体化安装支架安装在夹墙内，支架的强度、工业化程度高。

由于卫生洁具不受楼层预留孔的限制，同时不设降板层，可在较大区域内实现自由布局；避免了上下卫生间必须对齐的尴尬，使得卫生间的布置设计空间大大提高，同时，不到顶的夹墙设计给卫生间的置物空间带来新的变化，使得卫生间的立面更加活泼、多变。由于卫生洁具采用悬挂式安装，卫生间地面无死角，便于清扫。卫生间楼板不被卫生器具管道穿越，减小了渗漏水的概率，也能有效地防止疾病的传播。

采用公共管井同层排水时，协调厨房和卫生间位置、给排水管道位置和走向，宜使其距离公共管井较近，并合理确定降板高度。为了满足管线的定期检修以及更换的需要，在给水分水器及排水接头处设置地面检修口或墙面检修口，保障设备管线的正常使用。

卫生间洁具的布置位置应依据建筑模数确定。各洁具的给排水点位相对洁具本身的定位是固定的，无论洁具放置何处，给排水点位都可固定并计算出来。埋地给水管道应尽可能避免穿内承重墙，宜经过房间门口地面伸到另一房间，尽可能减少管线交叉。在整体装配式剪力墙结构住宅中的洁具布置位置宜尽可能避免靠外墙安装，减少外墙上的支架预埋和预留开槽。

套内接口标准化是指对套内水、电、气、暖管线系统、内隔墙系统、储藏收纳系统、架空系统之间的连接进行规范和限定，是提高各类部品维修、更换的便捷性和效率，建立工业化部品集成平台的纽带。

（三）电气系统

电气管线与建筑结构体分离是装配式住宅设备与管线设计的一个重要部分。目前，越来越多的电气系统在建筑中应用，使得电气管线施工逐渐呈现出线路多、点数密、交叉大等特点，国内传统设计方法为在土建施工过程中将各类电气管线暗敷在结构楼板或墙体内，电气管线的更换与检修成为建筑后期使用的一个突出问题。为使设备电气管线的安装、检查、修补及替换与建筑结构体相分离，宜将套内电气管线布置在地板、吊顶及隔墙的架空层内，协调其架空层的高度或走向，使得设备管线的敷设灵活，日常的维修和更换便捷。

电气设计、精装修设计需与结构专业紧密配合，使电气预埋盒在满足使用要求的同时布置在结构钢筋网格内，达到结构安全要求。预制墙板详图上需要表示插座、电气开关、弱电插座以及接线盒的精确位置，需在工厂制作预制墙体时进行预埋。

凡在装配整体式剪力墙结构预制叠合楼盖内预埋的高桩灯头接线盒，需将预埋定位提供给结构专业，由结构绘制在叠合板详图上，此灯头盒一旦漏埋，管线就需要在预制楼板上打孔，影响结构安全，严禁此种做法。叠合层现浇部分厚度为 60 ～ 70mm，电气专业沿楼板暗敷设的高度为 70 ～ 80mm，电气设计方案将有大量进出管的配电箱、弱电箱分开布置，避免管线集中交叉；施工前，要求施工单位进行电气布管模拟排布深化设计，将管线敷设路由合理分配，且确保在同一地点仅能允许2根管线交叉；金属管材选用有利于交叉敷设的可挠金属管。

在预制墙体或叠合楼板内预埋的接线盒、灯头盒、管路上下部应留有与现绕电气线路连接的接线空间，便于施工时的接管操作，并要求施工单位严格遵照电气管路施工要求，确保施工质量。

（四）暖通系统

传统的湿式铺法地暖系统，楼板荷载较大，施工工艺复杂，管道损坏后无法更换。工厂化生产的装配式干式地暖系统具有温度提升快、施工工期短、楼板负载小、易于日后维修和改造等优点。

干式地板供暖是区别于传统的混凝土埋入式地板供暖系统，目前常见的有两种模式，一种是预制轻薄型地板供暖面板，是由保温基板、塑料加热管、铝箔、龙骨和二次分集水器等组成的地暖系统。另一种是现场铺装模式，是在传统湿法地暖做法的基础上作出改良，无混凝土垫层施工工序，施工为干式作业。

预制保温外墙的传热系数需进行计算，尤其要注意现浇楼板处的保温与预制外墙的热桥处理，满足其所在地区的节能规定限值，根据计算结果确定保温层的厚度。在整体装配式剪力墙结构住宅中宜尽可能采用地板辐射采暖系统，尽量不采用散热器系统，减少预制外墙上的预埋件。如需采用散热器系统，应尽可能将散热器布置在非预制内墙上。

地板采暖系统的分集水器安装位置宜在户门附近，靠非预制内墙安装。采暖地埋管应尽可能避免穿内承重墙，宜经过房间门口地面铺到另一房间，尽可能减少地埋管交叉。当必须穿内承重墙时需与结构专业配合留洞。预制外墙上应预留空调冷媒管的孔洞，孔洞位置应考虑模数。孔洞直径为75mm，挂墙安装的孔洞高度为距地2200mm，落地安装的孔洞高度为距地150mm。

第二节　混凝土预制构件的生产制作与运输

装配式建筑按照所使用材料类型不同，可将其分为装配式混凝土建筑和装配式钢结构建筑两大类。下面就从装配式混凝土建筑和装配式钢结构建筑这两个角度出发，对每种建筑所使用的常用构件进行介绍。

一、装配式混凝土建筑常用构件种类

（一）墙板

墙板以材料为依据，有以下几种类别。

1. 振动砖墙板

一般采用普通烧结黏土砖或多孔黏土砖制作而成，灰缝填以砂浆，采用振捣器振实，面层厚度分为 140mm 和 210mm 两种，分别用于承重内墙板和外墙板，振动砖墙板的具体类型及参数见表 4-2-1。

表 4-2-1　振动转墙板的具体参数

名称	材料	材料强度等级	墙板规格	用途
普通黏土砖墙板	砖（240mm×115mm×53mm）水泥砂浆 普通混凝土（板肋部位）	大于 MU7.5 M10 大于 C15	一间一块、厚 140mm	承重内墙板
多孔黏土砖墙板	（240mm×115mm×90mm，孔率 19%）水泥砂浆 普通混凝土（板肋部位）	M10 M10 C20	一间一块、厚 140mm	承重内墙板
多孔黏土砖墙板	砖（240mm×180mm×115mm，孔率 28%）水泥砂浆 普通混凝土（板肋部位）	MU10 M7.5 C20	一间一块、厚 210mm	自承重外墙板

2. 粉煤灰矿渣混凝土墙板

粉煤灰矿渣混凝土墙板的原材料全部或大部分采用工业废料制成，有利于贯彻环保的要求。

3. 钢筋混凝土墙板

钢筋混凝土墙板多用于承重内墙板，南方多为空心墙板，北方多为

实心墙板。

4. 轻骨料混凝土墙板

轻骨料混凝土墙板以粉煤灰陶粒、页岩陶粒、浮石、膨胀矿渣珠、膨胀珍珠岩等轻骨料配制而成的混凝土，制作单一材料的外墙板。质量密度小于 1900kg/m³，以满足外墙围护功能的要求。

5. 复合材料墙板

复合材料墙板的具体内容见表 4-2-2。

表 4-2-2　复合材料墙板的具体内容

名称	材料	材料强度等级	规格
加气混凝土夹层墙板	结构层：普通混凝土 保温层：加气混凝土 面层：细石混凝土	M10 M10 C20	厚 100mm、125mm 厚 125mm 厚 25mm、30mm
无砂大孔炉渣混凝土夹层墙板	结构层：水泥炉渣混凝土 保温层：水泥矿渣无砂大孔混凝土 面层：水泥砂浆	C10 C30 M7.5	厚 80mm 厚 200mm 厚 20mm
混凝土岩棉复合墙板	结构层：普通混凝土 保温层：岩棉 面层：细石混凝土	C20 C15	厚 150mm 厚 50mm 厚 50mm

6. 加气混凝土板材

加气混凝土板材是由水泥（或部分用水淬矿渣、生石灰代替）和含硅材料（如砂、粉煤灰、尾矿粉等）经过磨细并加入发气剂（如铝粉）和其他材料按比例配合，再经料浆浇注、发气成型、静停硬化、坯体切割与蒸汽养护（蒸压或蒸养）等厂序制成的一种轻质多孔建筑材料，配筋后可制成加气混凝土条板，用于外墙板、隔墙板。

板材用途：框架挂板或隔墙板。

板材规格：长度为 2700～6000mm，按 300mm 变动；宽度为 600mm；厚度为 100～250mm，按 25mm 变动。

（二）楼板、屋面板

装配式大板建筑的楼板，主要采取横墙承重布置，大部分设计成按房间大小的整间大楼板，有预应力和非预应力之分，类型有实心板、空心板、轻质材料填芯板。

楼板有整间一块带阳台或半间一块带阳台。屋面板较多的做法是带挑檐。整间楼板的类型及参数见表 4-2-3。

表 4-2-3 整间楼板的类型及参数

名称	材料	楼板规格
轻质材料填芯楼板	C20 非预应力钢筋混凝土或 C30 预应力钢筋混凝土填芯 材料：水渣、加气混凝土等	厚 140mm
圆、方孔抽芯楼板和屋面板	C30 预应力钢筋混凝土面层：水泥砂浆	厚 120mm，抽孔 76 厚 192～300mm，抽方孔
实心混凝土楼板和屋面板	C30 预应力钢筋混凝土 C25 非预应力钢筋混凝土	厚 110mm

（三）烟道及风道

装配式大板建筑的烟道与通风道，一般都做成预制钢筋混凝土构件。构件高度为一个楼层，壁厚为 30mm。上下层构件在楼板处相接，交接处坐浆要密实。最下部放在基础上。最上一层，应在屋面上现砌出烟口，并用预制钢筋混凝土板压顶。

（四）女儿墙

装配式大板建筑中的女儿墙有砌筑和预制两种做法。预制女儿墙一般是在轻骨料混凝土墙板的侧面做出销键，预留套环，板底有凹槽与下层墙板结合。板的厚度可与主体墙板一致。女儿墙板内侧设凹槽预埋木砖，供与屋面防水卷材交接。

（五）楼梯

楼梯均采用预制装配式。楼梯段与休息板之间，休息板与楼梯间、墙板之间均采用可靠的连接。

常用的做法是在楼梯间墙板上预留洞、槽或挑出牛腿以及焊接托座，保证休息板的横梁有足够的支承长度。

二、装配式混凝土建筑墙、板制作

（一）成组立模法

成组立模是指采用垂直成型方法一次生产多块构件的成组立模。如用于生产承重内墙板的悬挂式偏心块振动成组立模；用于生产非承重隔墙板的悬挂式柔性板振动成组立模等。

1. 成组立模法分类

（1）按材料分类

①钢立模：刚度大，传振均匀，升温快，温度均匀，制品质量较好，模板周转次数多，有利于降低成本，但耗钢量大。

②钢筋混凝土立模：刚度好，表面平整，不变形，保温性能好，用钢量较少。但重量大，升温较慢，周转次数少。

（2）按支撑方式分类

①悬挂式立模：振动效果较好，开启、拼装方便、安全，但会增加车间土建投资。

②下行式立模：车间土建比较简单，但拼装、开启不便，且欠安全。

（3）按振动方式分类

①插入振动立模的特点：对模板影响小，振动效果较好，但需要较长振动时间，且劳动强度较大。

②柔性隔板振动立模的特点：振动效果较好，但隔板刚度差，制品偏差较大。

③偏心块振动立模的特点：振动效果一般，装置简单，但对模板影响较大。

2. 施工操作详解

（1）悬挂式偏心块振动成组立模：垂直成型工艺，具有占地面积小、养护周期短、节约能源、产量高等优点。与平模机组流水生产工艺相比，占地面积可减少 60% ～ 80%，产量可提高 1.5 ～ 2 倍。

经验指导：立模养护为干热养护，在封闭模腔内设置音叉式蒸汽排管。立模骨架用 18# 槽钢矩形格构布置，两面封板采用 8mm 厚钢板。

（2）悬挂式柔性隔板振动成组立模：主要适用于生产 5cm 厚混凝土内隔墙板。

此种立模是在一组立模中刚性模板与柔性模板相间布置，刚性模板不设振源，它的功能是做养护腔使用；柔性隔板是一块等厚的均质钢板，端部设振源，它的功能是做振动板使用。具有构造简单、重量轻、移动方便等特点，不仅适用于构件厂使用，而且也适宜施工现场使用。

①刚性模板：热模采用电热供热方式，在每块热模腔内设置 9 根远红外电热管，每根容量为担负两侧混凝土制品的加热养护。

②柔性模板：柔性板的厚度，既要有一定柔性，又要有足够的刚度。当有效面板内设置 4 ～ 6 个锥形垫，用于成型 5cm 厚混凝土隔墙板时，

可采用 140mm 厚普通钢板。

3. 成组立模法的特点

墙板垂直制作，垂直起吊，比平模制作可减少墙板因翻身起吊的配筋。因为立模本身既是成型工具，又是养护工具，这样浇筑、成型、养护地点比较集中，车间占地面积较平模工艺要少。立模养护制品的密闭性能好，与坑窑、隧道窑、立窑养护比较，可降低蒸气耗用量。制作的墙板两面光滑，适合于制作单一材料的承重内墙板和隔墙板。

（二）台座法

台座法是生产墙板及其他构件采用较多的一种方法，常用于生产振动砖墙板和单一材料或复合材料混凝土墙板以及整间大楼板。

台座分为冷台座和热台座两种。冷台座为自然养护，我国南方多采用这种台座，并有临时性和半永久性、永久性之分；热台座是在台座下部和两侧设置蒸气管道，墙板在台座上成型后覆盖保温罩，通蒸汽养护，这种台座多在我国北方和冬期生产使用。

1. 冷台座

台座的基础要将杂土和耕土清除干净，并夯实压平，使基土的密实度达到 $1.55g/cm^3$。遇有同填的沟坑或局部下沉的部位，均须进行局部处理。

台座表面最好比周围地面高出 100mm，其四周应设排水沟和运输道路。台座表面应找平抹光，以 2m 靠尺检查，表面凸凹不得超过 ±2mm。

台座的长度一般以 120m 左右为宜。台座的伸缩缝应设在拟生产墙板构件型号块数的整倍数处，一般宜每 10m 左右设一道伸缩缝。切不可将墙板等构件跨伸缩缝生产，否则，制品易产生裂缝。

2. 热台座

（1）基础：一般为 200mm 厚级配砂石（或高炉矿渣）碾压，其上作一步 3:7 灰土，然后浇灌 100mm 厚 C15 混凝土（坡度 5‰），作为热气室的基底。

（2）坑壁：一种做法是 240mm 厚砖墙上压 150mm×240mm 混凝土拉结圈梁；另一种做法是 100mm 现浇混凝土。前者坑壁易产生温度裂缝，不如后一种。

（3）热台面：120mm×180mm 长 500mm 素混凝土小梁，间距 500mm，

按蒸汽排管形式横向排列，上铺 500mm×500mm 厚 30mm 的混凝土预制盖板，再在盖板上浇灌 30～70mm 厚的 C20 钢筋混凝土，随铺随抹光，形成热台面。

（三）制作墙、板构件所用隔离剂

1. 隔离剂的选用

隔离剂的选用要注意：①隔离效果较好，减少吸附力，要能确保构件在脱模起吊时不发生粘结损坏现象；②能保持板面整洁，易于清理，不影响墙面粉刷质量；③因地制宜，就地取材，货源充足，价格较低，便于操作。

2. 隔离剂的涂刷方法

隔离剂涂刷方法的具体内容见表 4-2-4。常用隔离剂的调配方法见表 4-2-5。

表 4-2-4 隔离剂的涂刷方法

隔离剂名称	涂刷方法
柴油石蜡隔离剂	混涂法：适用于冬季多风季节，按正确的配合比将隔离剂调制成涂料，倒在板面上，涂刷均匀。 后撒法：适用于夏季少风季节，先将柴油石蜡溶液涂刷在台座（或板面）上，再撒滑石粉或防水粉，并用刷子铺盖均匀
皂角隔离剂	涂刷两遍，待第一遍干涸后再涂刷第二遍。 皂角隔离剂除冬季外，以热涂为宜，且不宜用于钢模
皂化混合油脱模剂	涂刷两遍

表 4-2-5 常用隔离剂的调配方法

隔离剂名称	配合比	涂刷方法
皂角隔离剂	皂角：水 =1:2～4（体积比）	将皂角与 80～100℃ 热水搅拌均匀，使其全部溶化，呈糊糊状

续表

隔离剂名称	配合比	涂刷方法
柴油石蜡隔离剂	混涂，涂于原浆、水泥砂浆或石灰膏压光的台座面层。 柴油：石蜡：粉煤灰 =1:0.3:0.5 柴油：石蜡：滑石粉（或防水粉）=1:0.2:0.8 混涂，涂于水泥压光台座面层。 柴油：石蜡：粉煤灰 =1:0.3:0.7 柴油：石蜡：滑石粉（或防水粉）=1:0.2:0.8 后撒滑石粉或防水粉。 柴油：石蜡 =1:0.2 ～ 0.3（石蜡为冬季或低温时最小掺量）	将大块石蜡敲碎，先加入 1 ～ 2 倍于石蜡的柴油、放入热器皿内（不超过器皿容积的三分之二），用微火或水浴锅缓缓加热至石蜡全溶后，再将剩余的柴油倒入并搅拌均匀，冷却后即可使用

3. 隔离剂涂刷的注意事项

（1）涂刷隔离剂必须采取边退边涂刷边撒粉料的方法。操作人员需穿软底鞋，鞋底不得带存泥土、灰浆等杂物。

（2）隔离剂涂刷后不得踩踏，并要防止雨水冲刷和浸泡，遇有冲刷、浸泡和踩踏，必须补刷。待隔离剂干涸后，方可进行下一道工序。涂刷隔离剂的工具可采用长把毛刷子或手推刷油车。

（3）周转使用次数较多的台座，使用前和使用期间宜每隔 1 ～ 2 个月刷机油柴油隔离剂（机油：柴油 =1:1）一次。

三、装配式混凝土建筑墙、板运输

（一）运输方法的选择

1. 平运法

平运法适宜运输民用建筑的楼板、屋面板等构配件和工业建筑墙板。构件重叠平运时，各层之间必须放方木支垫，垫木应放在吊点位置，与受力主筋垂直，且须在同一垂线上。

2. 立运法

立运法分为外挂式和内插式两种。

（二）墙板运输和装卸的注意要点

（1）运输道路须平整坚实，并有足够的宽度和转弯半径。

（2）根据吊装顺序组织运输，配套供应。

（3）用外挂（靠放）式运输车时，两侧重量应相等。装卸时，重车架下部要进行支垫，防止倾斜。用插放式运输车采用压紧装置固定墙板时，要使墙板受力均匀，防止断裂。

（4）装卸外墙板时，所有门窗必须扣紧，防止碰坏。

（5）墙板运输时，不宜高速行驶，应根据路面好坏掌握行车速度，起步、停车要稳。夜间装卸和运输墙板时，施工现场要有足够的照明设施。

第三节 装配式混凝土结构施工

一、预制构件吊装施工

预制混凝土构件卸货时一般堆放在可直接吊装的区域，这样不仅能降低机械使用费用，同时也减少预制混凝土构件在二次搬运过程中出现的破损情况。如果因为场地条件限制，无法一次性堆放到位，可根据现场实际情况，选择塔吊或汽车吊进行场地内二次搬运。

构件吊装前楼面准备工作的主要控制点有以下几个：

（1）预制构件放置位置的混凝土面层需提前清理干净，不能存在颗粒状物质，否则将会影响构件间的连接性能；

（2）楼层混凝土浇筑前需要确认预埋件的位置和数量，避免因找不到预埋件无法支撑斜撑影响吊装进度、工期；

（3）测设楼面预制构件高程控制垫片，以此来控制预制构件标高；

（4）楼面预制构件外侧边缘预先粘贴止水泡棉条，用于封堵水平接缝外侧，为后续灌浆施工作业做准备。

（一）预制柱吊装

1. 施工流程

在对预制柱构件进行检查和编号确认后，矫正柱头的钢筋垂直度，并采取合适的施工方式进行施工，在施工过程中底部高程以铁片垫平并对斜撑固定座锁定。其次分别进行样板绘制柱头梁位线、水平运输吊耳切除、柱子起吊安装、斜撑固定与螺丝锁紧、柱头与汽车吊钩松绑工序后，起吊下一根柱子，在此过程中需要注意预制柱垂直度的调整。依次循环往复上述吊装过程，完成预制柱的吊装工作。[1]预制柱施工流程图见图4-3-1。

---

① 范幸义. 装配式建筑 [M]. 重庆：重庆大学出版社，2017，第 156 页.

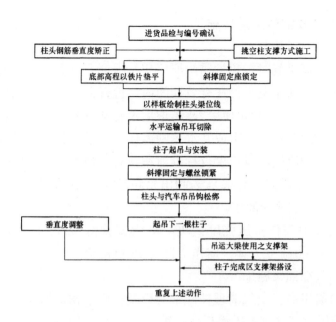

图 4-3-1　预制柱施工流程图

2. 准备工作

在进行预制柱的吊装工作前，需要进行以下准备工作：

（1）柱续接下层钢筋位置、高程复核，底部混凝土面确保清理干净，柱位置弹线；

（2）吊装前对预制柱进行质量检查，尤其是主筋续接套筒质量检查及内部清理工作；

（3）吊装前应备妥安装所需的设备如斜撑、斜撑固定铁件、螺栓、柱底高程调整铁片、起吊工具、垂直度测定杆、铝或木梯等；

（4）确认柱头架梁位置是否已经进行标识，并放置柱头第一根箍筋；

（5）安装方向、构件编号、水电预埋管、吊点与构件重量确认。

3. 柱垂直度调整

柱吊装到位后及时将斜撑固定在柱及楼板预埋件上，最少需要在柱子的三面设置斜撑，复核预制柱的垂直度，并通过可调节长度的斜撑调整垂直度，直至垂直度满足要求。

4.柱底无收缩砂浆灌浆施工

（1）材料质量控制

无收缩水泥进场时，每批需附原厂质量保证书以保证无收缩水泥质量。检查无收缩水泥是否仍在有效期间内，检查无收缩水泥期限是否在六个月内，六个月以上禁止使用。水若取用没有疑虑的水源，如自来水等，则不需检测，如取用地下水或井水等则需作氯离子检验。每批次灌浆前需要测试砂浆的流度，以流度仪标准流程执行，流度需于 20～30cm 之间（具体按照使用灌浆料要求），若超出允许范围则必须查明原因处理后，确定流度符合要求才能灌浆。

无收缩砂浆需作抗压强度试块，28 天试验值 85MPa 以上，试块为 40mm×40mm×160mm 立方体，需作 7 日及 28 日试验。

（2）无收缩灌浆施工

灌浆前需用高压空气清理柱底部套筒及柱底杂物，如泡绵、碎石、泥灰等，若用水清洁则需干燥后才能灌浆。

灌浆中遇到必须暂停的情况，此时采用循环回浆状态，即将灌浆管插入灌浆机注入口，休息时间以半小时为限。

搅拌器及搅拌桶禁止使用铝质材料，避免造成灌浆失败，每次搅拌时间需要搅拌均匀后再持续搅拌 2 分钟以上才可以。

（3）养护

灌浆无收缩后，灌浆强度未达到结构体强度时，严禁碰撞柱子或施工其上部的梁，其养护时间一般至少 12 小时。

（4）不合格处置

只有满浆收缩灌浆才算合格，只要未达到满浆，就要拆掉柱子清理干净恢复到原来的状态为止。当灌浆过程中，当任何一支续接器出现出浆阻碍时，应在最长 30 分钟内排除障碍。如果障碍无法清除，应拉起柱子以高压冲洗机冲洗接续器内达到无收缩水泥恢复干净的状态。再次吊回灌浆时，应先检查出浆是否顺利，确认可以满浆灌浆。

（二）预制梁吊装

（1）施工流程。在对预制梁构件进行吊装的过程中，首先需要进行支撑架或钢管支撑架设，在对方向、编号、上层主筋进行确认之后进行起吊、安装。在进行一定的调整工序后，梁中央支撑架旋紧后，汽车吊钩松绑，进行次梁楼板支撑架的吊运，方可进行下一根主梁的吊装工作，在两侧的主梁安装后进行次梁的安装，最后在主梁与次梁接头处用砂浆填灌。依次循环往复上述吊装过程，完成预制梁的吊装工作。[①]预制梁施工流程图见图 4-3-2。

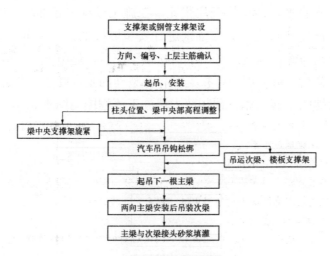

图 4-3-2 预制梁吊装流程图

（2）准备工作。

表 4-3-1 预制吊梁的准备工作

准备工作	支撑架是否备妥，顶部高程是否正确
	大梁钢筋、小梁接合剪力榫位置、方向、编号检查
	若已知柱头高程误差超过容许值，安装前应于柱头粘贴软性垫片调整高差
	若原设计四点起吊，应依设计起吊且须备妥工具
	上层主筋若已知搭接错误，应于吊装前将钢筋更正

（3）同一个支座的梁，梁底标高低的先吊；同时为了保证同一个支座的主梁吊装时主筋不冲突，X 向主梁先吊，Y 向后吊。有次梁的主梁

---

① 范幸义. 装配式建筑 [M]. 重庆：重庆大学出版社，2017，第 156 页.

起吊前应在安置次梁的剪力榫处标识出次梁架设位置；次梁通过牛担板架设在主梁的剪力榫内，接缝处使用结构砂浆灌注。

（三）预制剪力墙板吊装

（1）施工流程。在对预制剪力墙板构件进行检查和编号确认后，矫正剪力墙钢筋垂直度，清理检查注浆孔，在施工过程中底部高程以铁片垫平并对斜撑固定座锁定。其次分别进行安装墙板上斜撑端座、起吊与安装、斜撑固定与螺丝锁紧、塔吊吊钩松钩工序后，起吊下一块剪力墙，在重复准备工作后，进行钢筋绑扎支模和对整理的垂直度进行调整过后，完成预制剪力墙的吊装工作。预制剪力墙施工流程图见图4-3-3。

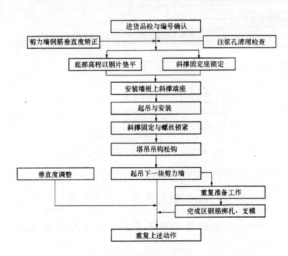

图 4-3-3 预制墙板吊装施工流程图

（2）准备工作。

表 4-3-2 预制剪力墙板吊装准备工作步骤

准备工作	预制剪力墙续接下层钢筋位置、高程复核，底部混凝土面确保清理干净，预制剪力墙位置弹线
	检查预制剪力墙质量，尤其是注浆孔质量检查及内部清理工作
	备妥安装所需的设备，如斜撑、斜撑固定铁件、螺栓、预制剪力墙底高程调整铁片、起吊工具、防风型垂直尺、放滑梯等

（3）预制剪力墙垂直度调整。将斜撑固定在楼板和墙板的预埋件上待剪力墙吊装到位后，然后复核剪力墙的垂直度，同时调整剪力墙的垂直度通过可调节长度的斜撑，直到垂直度达到满足要求。

（4）剪力墙底无收缩砂浆灌浆施工。同预制柱吊装无收缩砂浆灌浆施工工艺。

（四）预制外挂墙板吊装

在对预制外挂墙板构件进行吊装的过程中，首先需要复测楼板面和下层结构标高，同时复测下层预埋件连接铁件，确保无误后进行墙板的起吊、安装工作。安装永久连接件前应先安装斜撑和临时承重铁件。在确认进出位置、垂直度调整、板缝间防水施工后，才能对汽车吊钩进行松绑，剩余墙板安装完成后，才能对现浇接头进行施工。预制外挂墙板施工流程图见图4-3-4。

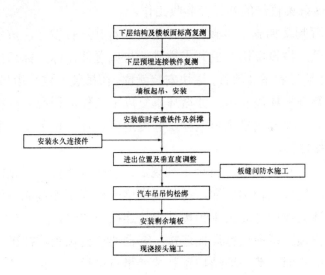

图 4-3-4 外围护体系安装流程图

（五）预制叠合楼板吊装

（1）预制叠合楼板工程施工要领：①预制叠合楼板安装应控制水平标高，可采用硬找平、软座浆或粘贴软性垫片进行安装。②预制叠合楼板安装时，应按设计图纸要求根据水电预埋管位置进行安装；③预制叠合楼板起吊时，吊点不应少于4点。

（2）预制叠合楼板安装应符合下列规定：①预制叠合楼板安装应按设计要求设置临时支撑，并应控制相邻板缝的平整度；②施工集中荷载或受力较大部位应避开拼接位置；③外伸预留钢筋伸入支座时，预留筋不得弯折；④相邻叠合楼板间拼缝可采用干硬性防水砂浆塞缝，大于30mm的拼缝，应采用防水细石混凝土填实；⑤后浇混凝土强度达到设计要求后，方可拆除支撑。

（3）使用预制楼板专业平衡的吊具能够更快速安全地将预制楼板吊装到相应位置。

（六）预制楼梯吊装

（1）准备工作：①支撑架是否搭设完毕，顶部高程是否正确；②吊装前需要做好梁位线的弹线及验收工作。

（2）预制楼梯施工步骤。楼梯进场并对其进行编号，按各单元和楼层清点数量，搭设楼梯（板）支撑排架与搁置件，标定标高控制与楼梯位置线，按编号和吊装流程，逐块安装就位。在吊装就位后塔吊吊点脱钩，进行下一叠合板梯段安装，并循环重复以上工作流程在完成楼层浇捣混凝土工作后，通过测量确定混凝土强度达到设计、规范要求后，拆除支撑排架与搁置件。

（3）预制楼梯安装应符合下列规定：①预制楼梯采用预留锚固钢筋方式时，应先放置预制楼梯，再与现浇梁或板浇筑连接成整体；②预制楼梯与现浇梁或板之间采用预埋件焊接连接方式时，应先施工现浇梁或板，再搁置预制楼梯进行焊接连接；③框架结构预制楼梯吊点可设置在预制楼梯板侧面，剪力墙结构预制楼梯吊点可设置在预制楼梯板面；④预制楼梯安装时，上下预制楼梯应保持通直。

（七）其他预制构件吊装

（1）预制阳台板安装应符合下列规定：①悬挑阳台板安装前应设置防倾覆支撑架，支撑架应在结构楼层混凝土达到设计强度要求时，方可拆除支撑架；②悬挑阳台板施工荷载不得超过楼板的允许荷载值；③预制阳台板预留锚固钢筋应伸入现浇结构内，并应与现浇混凝土结构连成整体；④预制阳台与侧板采用灌浆连接方式时阳台预留钢筋应插入孔内后进行灌浆；⑤灌浆预留孔的直径应大于插筋直径的 3 倍，并不应小于 60mm，预留孔壁应保持粗糙或设波纹管齿槽。

（2）预制空调板吊装应符合下列规定：①预制空调板安装时，板底应采用临时支撑措施；②预制空调板与现浇结构连接时，预留锚固钢筋应伸入现浇结构部分，并应与现浇结构连成整体；③预制空调板采用插入式安装方式时，连接位置应设预埋连接件，并应与预制墙板的预埋连接件连接，空调板与墙板交接的四周防水槽口应嵌填防水密封胶。

二、装配式建筑纵向钢筋连接施工

（一）钢筋套筒灌浆连接施工

1. 基本内涵

钢筋套筒灌浆连接，即在钢筋套筒中插入单根带肋钢筋并注入灌浆料拌合物，通过拌合物硬化形成整体并实现传力的钢筋对接连接（摘自：《钢筋套筒灌浆连接应用技术规程》JGJ355-2015）。

其连接的机理是通过砂浆受到套筒的围束作用，加上砂浆本身达到强度后的握裹黏结力，增强了钢筋、砂浆、套筒的摩擦力，增强预制构件之间的连接。

2. 材料与设备

整个灌浆流程中所需要的设备材料主要有套筒续接器、无收缩灌浆材料、搅拌机、无收缩水泥灌浆机等。

采用钢筋套筒灌浆连接时，应按设计要求检查套筒中连接钢筋的位置长度，套筒灌浆施工尚应符合下列规定：

（1）灌浆前应制订套筒灌浆操作的专项质量保证措施，灌浆操作全过程应有质量监控；

（2）灌浆料应按配比要求计量灌浆材料和水的用量，经搅拌均匀后测定其流动度应满足设计要求；

（3）灌浆作业应采取压浆法从下口灌注，当浆料从上口流出时应及时封堵，持压 30s 后再封堵下口；

（4）灌浆作业应及时做好施工质量检查记录，每工作班制作一组试件；

（5）灌浆作业时应保证浆料在 48h 凝结硬化过程中连接部位温度不低于 10℃；

（6）灌浆料拌合物应在备制后 30min 内用完；

（7）关于钢筋机械式接头的种类请参照设计图纸施工；

（8）接头的设计应满足强度及变形性能的要求；

（9）接头连接件的屈服承载力和抗拉承载力的标准值应不小于被连接钢筋的屈服承载力和抗拉承载力标准值的 1.1 倍。

（二）钢筋浆锚搭接连接施工

钢筋浆锚搭接连接，即在预制混凝土构建中预留孔道，将需搭接的钢筋插入孔道中，并灌入水泥浆料而实现的钢筋搭接连接方式。

钢筋浆锚连接技术不是直接浇筑在现浇混凝土中，或者直接浇筑并埋置在混凝土构件中，而是将拉结钢筋锚固在凹槽、节点、灌浆套筒等处，如基础结构中。即剪力传递钢筋中的拉力到灌浆料中，然后再进一步传递到周围混凝土和灌浆料之间的界面中去。

连接钢筋采用浆锚搭接连接时，可在下层预制构件中设置竖向连接钢筋与上层预制构件内的连接钢筋通过浆锚搭接连接，纵向钢筋采用浆锚搭接连接时，对预留孔成孔工艺、构造要求、灌浆料和被连钢筋、孔道形状和长度应进行适用性和力学性能的实验验证。采用浆锚搭接连接的其不宜采用直接承受动力荷载构件的纵向钢筋。采用浆锚搭接连接的钢筋直径不宜大于 20mm，连接钢筋可在预制构件中通常设置，或在预制构件中可靠的锚固。

（三）其他节点连接方式施工

1. 直螺纹套筒连接

将钢筋待连接部分剥肋后滚压成螺纹，利用连接套筒进行连接，使钢筋丝头与连接套筒连接为一体，从而实现了等强度连接，这是直螺纹套筒连接接头施工的工艺原理。直螺纹套筒连接的种类主要有冷镦粗直螺纹、热镦粗直螺纹、直接滚压直螺纹、挤（碾）压肋滚压直螺纹。

2. 波纹管连接

波纹管连接，即在预制混凝土剪力墙中预埋金属波纹管形成孔道，在孔道中插入需搭接的钢筋，并灌注水泥基灌浆料而实现的钢筋搭接连接方式。

三、预制构件与后浇混凝土的混合

（一）基本要求

预制装配式混凝土结构中节点现浇连接是指在预制构件节点处通过钢筋绑扎或原有的预留钢筋，然后支模浇筑混凝土来达到预制构件连接的一种处理工艺。[①]

按照设计体系的不同主要包括梁柱节点、叠合梁板节点、叠合阳台、空调板节点、湿式预制墙板节点等。

节点现浇连接构造必需要按图纸要求施工，才能具有足够的抗弯、抗剪、抗震性能，才能保证结构的整体性以及安全性。所以要考虑如下几点。

（1）浇筑量小，所以要考虑铸模和构件的吸水影响，浇筑前要清扫浇筑部位，清除杂质，用水打湿模板和构件的结合部位，但模板内不应有积水。

（2）在浇筑过程中，为了使混凝土填充到每个角落，获得密实的混凝土，要进行充分夯实和轻轻敲打。但是，除非是用坚固铸模将构件紧密连接时，一般最好不使用振动机。

（3）为防止冻坏填充混凝土，要对混凝土进行保温养护。

（4）对清水混凝土工程及装饰混凝土工程，应使用能达到设计效果的模板。

（5）固定在模板上的预埋件、预留孔和预留洞均不得遗漏，且应安装牢固，其偏差应符合下表的规定。检查中心线位置时，应沿纵、横两

---

① 高源雪. 建筑产品物化阶段碳足迹评价方法与实证研究 [D]. 北京清华大学，2012.

个方向量测，并取其中的较大值。对预埋件的外露长度，只允许有正偏差，不允许有负偏差。

（二）节点现浇连接施工

1. 预制梁柱节点现浇连接

预制梁柱连接节点通常出现在框架体系中，预制柱混凝土部分设计到预制梁底部位，同时预制梁混凝土部分也设计到柱侧面，柱筋与梁筋在节点部位错开插入，在梁柱吊装完成后支模浇筑混凝土，通常该节点与楼面混凝土同时浇筑。

2. 叠合梁板节点现浇连接

叠合梁板也通常出现在框架体系中，预制梁的上层筋部分设计为现浇部分，箍筋预先浇筑在预制构件中，梁上层钢筋现场绑扎，梁侧边留设有 2.5cm 的空隙。预制板板厚通常为 8cm，侧边受力方向通常设置，该节点与楼面混凝土一起浇筑。

3. 叠合阳台、空调板

预制阳台、空调板通常为叠合设计，同叠合楼板通常为 8cm，板面预留有桁架筋，增加预制构件刚度，保证在储运、吊装过程中预制板不会断裂，同时可作为板上层钢筋的支架，板下层钢筋直接预制在板内。叠合阳台、空调板与楼面连接部位留有锚固钢筋，预制板吊装就位后预留钢筋锚固到楼板钢筋内，与楼面混凝土一次性浇筑。预制阳台、空调板设计时通常有降板处理，所以在楼面混凝土浇筑前需要做吊模处理。

4. 预制剪力墙间节点

预制剪力墙间节点部位通常采用现浇的节点连接方式，该节点外侧设置 PCF 板通常为 7cm 厚的预制混凝土板做外模，节点内侧钢筋绑扎，立模现浇。

四、预制构件的成品保护

（一）基本要求

预制混凝土构件的成品保护主要包括以下几个方面。

（1）根据工程实际，合理安排施工顺序，防止后道工序影响或损坏前道工序的施工成果。

（2）根据产品特点，可分别对成品和半成品采取护、包、盖、封等具体措施。

（3）加强成品保护责任制度，加强对成品保护的巡查工作，发现问题及时处理。

（二）构件成品保护

依据预制构件成品保护要点要求，按照预制混凝土构件类别采取相应的预制构件成品保护措施。

（1）装配式混凝土结构施工完成后，竖向构件阳角、楼梯踏步口宜采用木条（板）包角保护。

（2）预制构件现场装配全过程中，宜对预制构件原有的门窗框、预埋件等产品进行保护，装配整体式混凝土结构质量验收前不得拆除或损坏。

（3）预制外墙板饰面砖、石材、涂刷等装饰材料表面可采用贴膜或用其他专业材料保护。

（4）预制楼梯饰面砖宜采用现场后贴施工，采用构件制作先贴法时应采用铺设木板或其他覆盖形式的成品保护措施。

（5）预制构件暴露在空气中的预埋铁件应涂抹防锈漆。

（6）预制构件的预埋螺栓孔应填塞海绵棒。

第五章　装配式钢结构设计方法与施工技术

20 世纪 50—60 年代，是我国钢结构建筑发展起步阶段；20 世纪 60 年代后期至 70 年代钢结构建筑发展一度出现短暂停滞；20 世纪 80 年代初开始，国家经济发展进入快车道，政策导向由"节约用钢"向"合理用钢""推广应用钢材"转型，钢结构建筑进入快速发展时期；进入 21 世纪以来，《国家建筑钢结构产业"十五"计划和 2015 年发展规划纲要》《国务院关于钢铁行业化解过剩产能实现脱困发展的意见》《中共中央国务院关于进一步加强城市规划建设管理工作的若干意见》等政策文件相继出台，"推广应用钢结构"转型为"鼓励用钢"，钢结构建筑进入大发展时期。

第一节　钢结构建筑技术发展与应用现状

一、发达国家和地区的发展情况

（一）欧洲发展情况

在欧洲，钢结构企业一般都比较小，且多是和一些建筑公司相融合的，作为这些建筑公司的下属子公司存在。钢结构产业化体系相对较为成熟的德国、英国及法国等欧洲国家，其钢结构加工的精度比较高，标准化部件物品也很齐全，对应钢结构配套的产品及技术成熟度较高。在欧洲，钢结构的主要应用领域主要包括用在商业化办公楼、多层的公寓住宿、单体的工业建筑及一些户外的停车场等。[①]

---

① 济南市城乡建设委员会建筑产业化领导小组办公室.装配整体式混凝土结构工程工人操作实务 [M].北京：中国建筑工业出版社，2016，第 63 页.

（二）美国发展情况

在美国已经成功转型升级为建筑施工企业的钢结构企业很多，这些企业已经成功走出恶性竞争的困境，逐步走上精品化发展的路线。美国大多数的钢结构工厂规模一般较小，员工数仅相当于我国中等企业的数量。美国钢结构产品的质量好，产品的技术含量也比较高，且钢结构的产品种类也很齐全。美国钢结构产业对环境保护比较重视，且在钢结构的制作生产加工过程中同样注重节能降耗，在整个钢结构的产量比重中高附加值的产品占的比重比较大。[①]

（三）日本发展情况

日本的钢结构技术特长体现在住宅钢结构和桥梁方面，注重研发、制作技术、结构设计。1998年钢结构建筑总量比较稳定，约为2000万吨，占钢材产量的30%左右。主要的钢结构产品是选用高强度耐候钢、耐火钢结构，以高性能的钢材为原料。

2002年后日本的耐候钢机构桥梁用钢量在20%以上，保持了高速增长的态势。钢结构的应用领域比较广泛，主要用在桥梁建造、住宅、工业厂房、大型场馆等。阪神大地震后，日本开发应用了钢结构焊接机器人，使得日本的钢结构开发应用有了更进一步的发展。

二、我国钢结构建筑发展情况

（一）我国钢结构发展历程

1.起步发展阶段

在1949年新中国刚刚成立的那段时间，在来自苏联方面的技术和经济方面的支援支持下，我国开始在工业厂房为主的一些钢结构项目上展开探索。在民用建筑领域方面，先后于1954年建成的北京市体育馆跨度为57m，在1959年建成的北京人民大会堂万人礼堂的跨度为60.9m，

---

① 王俊，赵基达，胡宗羽. 我国建筑工业化发展现状与思考 [J]. 土木工程学报，2016(5):2～10.

这些都成为这一时期民用建筑领域方面钢结构建筑的代表性建筑。

2. 钢结构发展的短暂停滞阶段

在 20 世纪 60 年代至 20 世纪 70 年代的这个时间段内，社会大炼钢铁运动的兴起，社会各行各业对钢材的需求量急速增加，并且在国家倡议提出的建筑节约用钢的政策要求下，该时期钢结构的建筑发展处于一种短暂的停滞时期。

3. 由"节约用钢"向"合理用钢""推广应用钢材"转型阶段

20 世纪的 80 年代，随着国家改革开放政策的实施及国家经济建设发展的提速，使得钢结构建筑迎来复兴发展的春天。其中在民用建筑方面，超高层大体量的建筑广泛开始采用钢结构体系，这就促使国内钢铁行业的加工制造产能不断开始扩张。其中在 20 世纪 80 年代时期钢结构建筑的最大高度也仅仅是 208m，到了 20 世纪 90 年代的时候，钢结构建筑的最大高度已经能够达到 460m。1997 年国家建设部颁布了《中国建筑技术政策》（1996—2010 年），在该政策中明确了发展建筑钢材、钢结构建筑施工工艺的诸多要求，在钢结构建筑业的国家政策方针上，已经开始由原来的"节约用钢"向"合理用钢"转变。这一时期国内的钢结构建筑的一些典型代表大致为深圳国贸大厦、上海森茂大厦、北京国贸大厦。这就标志着钢结构建筑开始进入快速发展的阶段。[①]

在该阶段还有一个显著的特点，那就是钢结构开始在住宅建筑中全面启动使用。20 世纪 80 年代的中后期，我国开始从欧洲的意大利以及亚洲邻邦国家日本引入低层钢结构住宅建筑。1999 年国家经贸委明确提出"轻型钢结构住宅建筑通用体系的开发及应用"，这就成为建筑业用钢的突破点。在国家层面和各级地方政府的积极推动和各项政策的扶持下，全国各地开始积极推进钢结构形式的住宅发展。其中这一时期钢结构住宅建筑的一些典型范，例如，上海的北蔡工程、山东的莱钢樱花园小区、武汉世纪家园、天津丽苑小区、北京郭庄子住宅小区、厦门帝景苑住宅群等。

4. 由"合理推广应用"向"鼓励用钢"转型阶段

进入 21 世纪开始，随着我国大国地位的突起，中国开始在国际舞

---

① 刘美霞，武振，王广明，刘洪娥. 我国住宅产业现代化发展问题剖析与对策研究[J]. 工程建设与设计，2015（6）：9～11.

台上发挥越来越重要的作用，并且开始承办一些大型的国际体育赛事和一些大型的国际贸易交流活动，这样就应运而生出一大批超高层、大跨度的体育赛事场馆，由于钢结构建筑"轻快好省"的特性得到了政府和社会各界的关注，因此带动了钢结构建筑业的快速发展。这一时期的主要典型代表为，上海世博会、北京奥运体育主场馆等文化及体育场馆以及深圳的平安大厦和上海环球金融中心等一批地标性的城市钢结构建筑。这些钢结构工程建筑的实践，有效地缩小了我国钢结构技术与国外先进水平的差距。随着我国成为世界第一产钢大国，钢结构也成为机场航站楼、高铁车站和跨海、跨江大桥首选的结构体系，如首都机场 3 号航站楼，北京、上海等地的高铁车站及杭州湾跨海大桥等。

（二）我国钢结构建筑发展的良好基础

从钢产量及增长率来看，钢铁产量从 1996 年至 2014 年连续 19 年保持世界第一。1996 年钢产量突破一亿吨，到 2014 年达到 8.23 亿吨。同时，钢产量的增长率开始逐年下降，增速减缓。钢铁工业发展逐渐进入了一个稳定发展的时期。

从钢结构材料用量方面看，《建筑钢结构行业发展"十二五"规划》中明确了建筑钢结构的应用比例，即"十二五"期间实现建筑钢结构用材占到全国钢材总产量的 10% 左右。2012—2014 年国内钢产量分别为7.17 亿吨、7.79 亿吨和 8.23 亿吨，建筑用钢量分别为 3.3 亿吨、3.66亿吨和 3.96 亿吨，建筑钢结构产量分别为 3500 万吨、4100 万吨、4600万吨，钢结构建筑产量占建筑总用钢量 10% 左右，钢结构建筑产量分别占到全国钢材总量 5% 左右，未能完全达到"十二五"预定目标。

从钢结构建筑的占比来看，在发达国家粗钢总产量中，钢结构产量的占比超过了 10%，建筑总用钢量中钢结构建筑的占比达到 30% 以上，其中，日本和美国的比较高。从比较来看，我国钢结构的产量呈现匀速增长的趋势。总体而言，虽然国家和地方政府都采取各项鼓励和激励政策来刺激钢结构的发展，但是与发达国家相比，我国的钢结构建筑还有待提高和发展。

根据中国建筑金属结构协会建筑钢结构分会和行业专家提供数据，2014 年全国新开工住宅建筑面积 12.49 亿平方米，其中钢结构住宅约

400 万平方米，占比不足 1%。新建工业厂房约为 6 亿平方米，其中，采用钢结构的比例超过 70%，即钢结构工业厂房约为 4.2 亿平方米。总体而言，我国民用建筑和市政基础设施应用钢结构还有较大的发展空间。

从应用领域看，钢结构建筑主要应用于工业建筑和民用建筑。工业建筑主要包括大跨度工业厂房、单层和多层厂房、仓储库房等。民用建筑包括两类，一类是学校、医院、体育、机场等公共建筑；另一类是居住类建筑，即轻钢集成住宅和高层钢结构住宅。总体来看，居住类建筑应用比例还比较低。钢结构应用领域还包括跨江、跨海大桥和城市市政桥梁等。①

---

① 刘美霞,武振,王广明,刘洪娥.我国住宅产业现代化发展问题剖析与对策研究[J].工程建设与设计,2015 (6)：9～11.

第二节 钢构件的制作与运输

一、装配式钢构件建筑的常用构件种类

（一）H型钢

H型钢截面形状经济合理，是一种新型的经济建筑用钢。与普通工字钢比较，因为其力学性能好，轧制时截面上各点内应力小、延伸较均匀、可使建筑结构减轻30%～40%，且具有重量轻、截面模数大、节省金属的优点；又因其腿端是直角、腿内外侧平行，所以这样在拼装组合成构件时，可以节约焊接、铆接工作量达25%以上。这种类型的钢常用于要求截面稳定性好、承载能力大的大型建筑（如厂房、高层建筑等），以及船舶、桥梁、设备基础、支架、起重运输机械、基础桩等。[1]

1.H型钢的特点

（1）由于翼缘较宽，侧向刚度大。

（2）比工字钢大0%～5%的抗弯能力。

（3）连接、加工、安装变得简便，由于其独特的翼缘，两表面相互平行。

（4）与焊接工字钢相比，成本低，精度高，残余应力小，无需昂贵的焊接材料和焊缝检测，节约钢结构制作成本30%左右。

（5）相同截面负荷下，热轧H型钢结构比传统钢结构重量减轻15%～20%。

（6）与混凝土结构相比，热轧H型钢结构可增大6%的使用面积，而结构自重减轻20%～30%，减少结构设计内力。

（7）H型钢可加工成T型钢，蜂窝梁可经组合形成各种截面形式，极大满足了工程设计与制作需求。

2.H型钢与工字钢的区别

（1）工字钢，不论是普通型还是轻型的，由于截面尺寸均相对较高、较窄，故对截面两个主轴的惯性矩相差较大，因此，一般仅能直接用于在其腹板平面内受弯的构件或将其组成格构式受力构件。对轴心受压构

---

[1] 王翔.装配式钢结构建筑现场施工细节详读[M].北京:化学工业出版社，2017，第46页.

件或在垂直于腹板平面和弯曲的构件均不宜采用，这就使其在应用范围上有着很大的局限。

（2）H型钢属于高效经济截面型材（其他还有冷弯薄壁型钢、压型钢板等），由于截面形状合理，它们能使钢材更好地发挥效能，提高承载能力。不同于普通工字钢的是H型钢的翼缘进行了加宽，且内、外表面通常是平行的，这样可便于用高强螺栓和其他构件连接。其尺寸构成系列合理，型号齐全，便于设计选用。

（3）H型钢的翼缘都是等厚度的，有轧制截面，也有由3块板焊接组成的组合截面。工字钢都是轧制截面，由于生产工艺差，翼缘内边有1:10坡度。H型钢的轧制不同于普通工字钢仅用一套水平轧辊，由于其翼缘较宽且无斜度（或斜度很小），故须增设一组立式轧辊同时进行辊轧，因此，其轧制工艺和设备都比普通轧机复杂。国内可生产的最大轧制H型钢高度为800mm，超过了800mm的H型钢只能采用焊接组合截面的方式进行焊接。我国热轧H型钢国标GB/T11263-1998将H型钢分为窄翼缘、宽翼缘和钢桩三类，其代号分别为hz、hk和hu。窄翼缘H型钢适用于梁或压弯构件，而宽翼缘H型钢和H型钢桩则适用于轴心受压构件或压弯构件。

（二）桁架

桁架是一种由杆件彼此在两端用铰链连接而成的结构，由直杆组成的一般具有三角形单元的平面或空间结构。桁架杆件主要承受轴向拉力或压力，从而能充分利用材料的强度，在跨度较大时可比实腹梁节省材料，减轻自重和增大刚度。桁架按产品分类和按结构形式分类如图所示5-2-1。

图 5-2-1 桁架的分类

（三）实腹梁

钢结构中用做小跨度梁的是热轧型材（H型钢、槽钢、工字钢），做较大跨度的梁是焊接异性钢或焊接工字钢。这些构件界面中上下横的叫翼缘，竖的部件叫腹板。可以选用实实在在的钢板用来做跨度较小的梁的腹板，而荷载较大或者更大跨度的梁，如果选用实实在在的钢板会因为弯矩大而需要相当高的界面，这样腹板就会太重，并且在生产和运输中都会造成很大的不便。因此，工程人员设计了空腹式桁架梁或叫格构式梁，它是由许多的小界面的杆件来组成的腹板。

二、装配式钢构件建筑构件制作

（一）焊接H型钢

焊接H型钢的施工要点有以下几个。

（1）焊接H型钢应以一端为基准，使翼缘板、腹板的尺寸偏差累积到另一端。

（2）腹板、翼缘板组装前，应在翼缘板上标志出腹板定位基准线。

（3）焊接H型钢应采用H型钢组立机进行组装。

（4）腹板定位采用定位点焊，应根据H型钢具体规格确定点焊焊缝的间距及长度。一般点焊焊缝间距为 $300 \sim 500mm$，焊缝长度为 $20 \sim 30mm$，腹板与翼缘板应项紧，局部间隙不应大于 $1mm$。

（5）H型钢焊接一般采用自动或半自动埋弧焊。

（6）机械矫正应采用H型钢翼缘矫正机对翼缘板进行矫正；矫正次数应根据翼板宽度、厚度确定，一般为 $1 \sim 3$ 次；使用的H型钢翼缘矫正机必须与所矫正的对象尺寸相符合。

（7）当H型钢出现侧向弯曲、扭曲、腹板表面平整度达不到要求时，应采用火焰矫正法进行矫正。

（8）焊接H型钢的允许偏差应符合表5-2-1的规定。

表 5-2-1 焊接 H 型钢的允许偏差

项目		允许偏差	图例
截面高度 h	h < 500	±2.0	
	500 < h < 1000	±3.0	
	h > 1000	±4.0	
截面宽度 b		±3.0	
腹板中心偏移 e		2.0	
翼缘板垂直度△		b/100，且不应大于 3.0	
弯曲矢高（受压构件除外）		1/1000，且不应大于 10.0	
扭曲		h/250，且不应大于 5.0	
腹板局部平面度 f	t < 14	3.0	

（二）桁架组装

（1）无论弦杆、腹杆，应先单肢拼配焊接矫正，然后进行大拼装。

（2）支座、与钢柱连接的节点板等，应先小件组焊，矫正后再定位大拼装。

（3）放拼装胎时放出收缩量，一般放至上限（跨度 L ≤ 24m 时放5mm，L > 24m 时放 8mm）。

（4）对跨度大于等于 18m 的梁和桁架，应按设计要求起拱；对于设计没有起拱要求的，但由于上弦焊缝较多，可以少量起拱（10mm 左右），以防下挠。

（5）桁架的大拼装有胎模装配法和复制法（图 5-2-2）两种。前者较为精确，后者则较快；前者适合大型桁架，后者适合一般中、小型桁架。

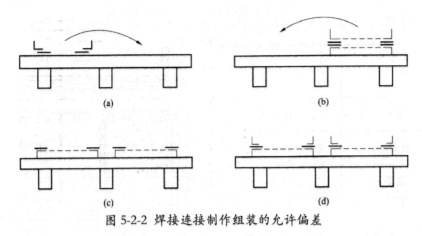

图 5-2-2 焊接连接制作组装的允许偏差

（三）实腹梁组装

（1）腹板应先刨边，以保证宽度和拼装间隙。

（2）翼缘板进行反变形，装配时保持 a1=a2，如图 5-2-3 所示。翼缘板与腹板的中心偏移不大于 2mm。翼缘板与腹板连接侧的主焊缝部位 50mm 以内先行清除油、锈等杂质。

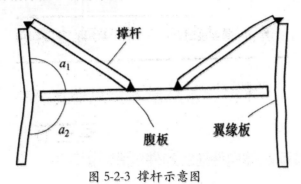

图 5-2-3 撑杆示意图

（3）点焊距离杆 200mm，双面点焊，并加撑杆，点焊高度为焊缝的 2/3，且不应大于 8mm，焊缝长度不宜小于 25mm。

（4）为防止梁下挠，宜先焊下翼缘的主缝和横缝；焊完主缝，矫正翼缘，然后装加劲板和端板。

（5）对于磨光顶紧的端部加劲角钢，宜在加工时把四支角钢夹在一起同时加工使之等长。

（6）焊接连接制作组装的允许偏差应符合表 5-2-2 的规定。

表 5-2-2 焊接连接制作组装的允许偏差

项目		允许偏差	图例
对口错边△		t/10，且不应该大于 3.0	
间隙 a		±1.0	
搭接长度 a		±5.0	
缝隙△		1.5	
高度 h		±2.0	
垂直度△		b/100，且不应大于 3.0	
中心偏移 e		±2.0	
型钢错位	连接处	1.0	
	其他处	2.0	
箱形截面高度 h		±2.0	
宽度 b		±2.0	
垂直度△		b/200，且不应大于 3.0	

三、装配式钢构件建筑构件包装与运输

（一）钢构件的包装

（1）钢结构产品中的小件、零配件（一般指安装螺栓、垫圈、连接板、接头角钢等重量在 25kg 以下者）应用箱装或捆扎，并应有装箱单。应在箱体上标明箱号、毛重、净重、构件名称、编号等。

（2）木箱的箱体要牢固、防雨，下方要有铲车孔及能承受本箱总重

的枕木，枕木两端要切成斜面，以便捆吊或捆运。

（3）铁箱一般用于外地工程。箱体用钢板焊成，不易散箱，在安装现场箱体钢板可作为安装垫板、临时固定件。箱体外壳要焊上吊耳。

（4）捆扎一般用于运输距离比较近的细长构件，如网架的杆件、屋架的拉条等。捆扎中每捆重量不宜过大，吊具不得直接勾在捆扎钢丝上。

（5）如果钢结构产品随制作随即安装，其中小件和零配件可不装箱，直接捆扎在钢结构主体的需要部位上，但要捆扎牢固，或用螺栓固定，且不影响运输和安装。

（二）钢构件的运输

（1）为避免在运输、装车、卸车和起吊过程中造成钢结构构件变形而影响安装，一般应设置局部加固的临时支撑。

（2）根据钢结构构件的形状、重量及运输条件、现场安装条件，可采取总体制造、拆成单元运输或分段制造、分段运输的措施。

（3）钢结构构件，一般采用陆路车辆运输或者铁路包车皮运输。

①柱子构件长，可采用拖车运输。一般柱子采用两点支承，当柱子较长，两点支承不能满足受力要求时，可采用三点支承。

②钢屋架可以用拖挂车平放运输，但要求支点必须放在构件节点处，而且要垫平、加固好。钢屋架还可以整榀或半榀挂在专用架上运输。

③大多数情况下多采用大平板车辆来运输实腹类构件。

④对于散件的运输一般不需要特别的固定，一般的货运车即可，在运输过程中要保证不会发生变形和产生过大的残余，车辆的底板长度可以允许在 1m 的长度范围内短于构件长度。

⑤对于成型大件的运输，应委托专业的运输公司，并根据产品的不同而选用不同的车型，最终与所选用的运输公司共同确定车型。

⑥对于特大型钢结构产品的运输，应制定专门的运输方案。首先在加工制造初始就要与公路、桥梁、电力、煤气、自来水、下水道等与运输有关的各个方面取得联系，并得到他们的认可。还要对施工现场、运输路线、转弯道等进行查看，确定无障碍物。

第三节 装配式钢结构建筑主体施工技术

一、基础类型与构造

装配式建筑的基础一般都采用钢筋混凝土，所以装配式建筑的基础与普通钢筋混凝土结构建筑的基础无太大差异，装配式建筑的基础类型与构造如下。

（一）装配式建筑的基础类型

由于装配式建筑的基础与钢筋混凝土结构建筑的基础无太大差异，因此也把装配式建筑的常用基础分为浅基础和桩基础，具体划分结构如下。

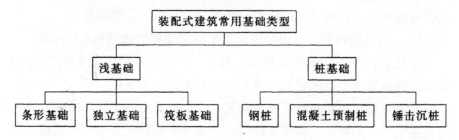

图 5-3-1 装配式建筑的基础类型

（二）装配式建筑的基础构造

装配式建筑的基础构造见表 5-3-1。

表 5-3-1 装配式建筑的基础构造

名称	内容
条形基础	当地基较为软弱、柱荷载或地基压缩性分布不均匀，以至于采用扩展基础可能产生较大的不均匀沉降时，常将同一方向（或同一轴线）上若干柱子的基础连成一体而形成柱下条形基础

续表

名称	内容
独立基础	建筑物上部结构采用框架结构或单层排架结构承重时，常采用圆柱形和多边形等形式的独立式基础，这类基础称为独立式基础，也称单独基础
筏板基础	筏型基础即满堂基础、或满堂红基础，是把柱下独立基础或者条形基础全部用联系梁联系起来，下面再整体浇筑底板，它由底板、梁等整体组成
钢桩	钢桩施工适用于一般钢管桩或 H 型钢桩基础工程
混凝土预制桩	提前在预制厂用钢筋、混凝土经过加工后得到的桩
锤击沉桩	锤击沉桩是利用桩锤下落时的瞬时冲击机械能，克服土体对桩的阻力，使其静力平衡状态遭到破坏，导致桩体下沉，达到新的静压平衡状态，如此反复地锤击桩头，桩身也就不断地下沉。锤击沉桩是预制桩最常用的沉桩方法

二、基础类型与构造

（一）建筑定位的基本方法

建筑在地面上的位置由建筑四周外廓的主要轴线的交点所决定，称为定位点或角点。建筑的定位是根据设计条件，将定位点测设到地面上，以此作为基础放线和细部轴线放线的依据。建筑物的定位方法因现场条件和设计条件的不同而不同，以下为三种常见的定位方法。[①]

1. 根据控制点定位

如果新建建筑物的待定位点设计坐标是已知的，并且可以利用附近的高级控制点，这时就可以根据实际情况选用角度交会法、极坐标法或距离交会法来设定位点。极坐标法是这三种方法中用的最多的一种定位方法。

2. 根据建筑方格网和建筑基线定位

如果待定位建筑的定位点设计坐标已知，并且建筑场地已设有建筑方格网或建筑基线，可利用直角坐标系法测设定位点，其过程如下。

---

① 王翔. 装配式混凝土结构建筑现场施工细节详解 [M]. 北京：化学工业出版社，2017，第 22 页 .

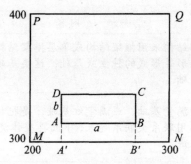

图 5-3-2 根据方格网定位

（1）根据坐标值可计算出建筑的长度、宽度和放样所需的数据。如图 5-3-2 所示，M、N、P、Q 是建筑方格网的四个点，坐标位于图上，ABCD 是新建筑的四个交点，坐标为：

A（316.00，226.00） B（316.00，268.24）

C（328.24，268.24） D（328.24，226.00）

很容易计算得到新建筑的长宽尺寸。

a=268.24-226.00=42.24（m） b=328.24-316.00=12.24（m）

（2）按照直角坐标法的水平距离和角度测设的方法进行定位轴线交点的测设，得到 A、B、C、D 四个交点。

（3）检查调整：实际测量新建筑的长宽与计算所得进行比较，满足边长误差≤1/2000，测量 4 个内角与 90°比较，满足角度误差≤±40″。

3. 根据与原有建筑和道路的关系定位

如果设计图上没有提供建筑定位点的坐标，而是只给出新建筑物与周边道路和附近原有建筑物之间的相互关系，并且周围又没有建筑方格网、测量控制点和建筑基线可供利用，这时可以根据道路中心线和原有建筑物的边线，来测出新建筑的定位点。

测设的基本方法如下：在现场先找出原有建筑的边线或道路中心线，再用全站仪或经纬仪和钢尺将其延长、平移、旋转或相交，得到新建筑的一条定位直线，然后根据这条定位轴线，测设新建筑的定位点。

根据与原有建筑的关系定位。如图 5-3-3 所示，拟建建筑的外墙边线距离原有建筑的外墙边线 10m，并在同一条直线上，拟建建筑四周短轴为 18m 长轴为 40m，外墙边线与轴线的间距为 0.12m。

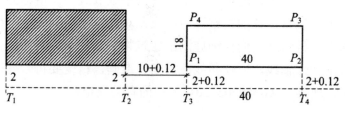

图 5-3-3 根据与原有建筑的关系定位

（二）定位标志桩的设置

依照上述定位方法进行定位的结果是测定出建筑物的四廓大角桩，进而根据轴线间距尺寸沿四廓轴线测定出各细部轴线桩。但施工中要开挖基槽或基坑，必然会把这些桩点破坏掉。为了保证挖槽后能够迅速、准确地恢复这些桩位，一般采取先测设建筑物四廓各大角的控制桩，即在建筑物基坑外 1～5m 处，测设与建筑物四廓平行的建筑物控制桩（俗称保险桩，包括角桩、细部轴线引桩等构成建筑物控制网），作为进行建筑物定位和基坑开挖后开展基础放线的依据。

（三）放线

建筑物四廓和各细部轴线测定后，即可根据基础图及土方施工方案用白灰撒出灰线，作为开挖土方的依据。

放线工作完成后要进行自检，自检合格后应提请有关技术部门和监理单位进行验线。验线时首先检查定位，依据桩有无变动及定位条件的几何尺寸是否正确，然后检查建筑物四廓尺寸和轴线间距，这是保证建筑物定位和自身尺寸正确性的重要措施。

对于沿建筑红线兴建的建筑物在放线并自检以后，除了提请有关技术部门和监理单位进行验线以外，还要由城市规划部门验线，合格后方可破土动工，以防新建建筑物压红线或超越红线的情况发生。

（四）基础放线

根据施工程序，基槽或基坑开挖完成后要做基础垫层。当垫层做好后，要在垫层上测设建筑物各轴线、边界线、基础墙宽线和柱位线等，并以墨线弹出作为标志，这项测量工作称为基础放线，又俗称为摽底。这是最终确定建筑物位置的关键环节，应在对建筑物控制桩进行校核并合格的情况下，再依据它们仔细施测出建筑物主要轴线，再经闭合校核后，详细放出细部轴线，所弹墨线应清晰、准确，精度要符合《砌体工程施工及验收规范》（GB50203-2011）中的有关规定。

三、钢筋混凝土基础的施工

钢筋混凝土基础的施工以条形基础、独立基础、筏板基础的施工做法为例进行解读，具体操作细节如下。

（一）条形基础施工

条形基础施工的工艺施工流程如下。

图 5-3-4 条形基础施工流程

1. 模板的加工及装配

基础模板一般由侧板、斜撑、平撑组成。

经验指导：基础模板安装时，应先弹出基础边线在基槽底部，再将边线与侧板垂直竖立，校正调平无误后，方可用平撑和斜撑钉牢。如果基础较大，可先将基础两段的两侧板立好，校正无误后拉通线在侧板上口，然后再根据通线立中间的侧板。当基础台阶的高度小于侧板高度时，应按台阶高度弹准线在侧板的内侧，在准线上钉圆钉以每隔 2m 左右的距离，来作为浇捣混凝土的标志。在左侧板上每隔一定的距离钉上搭头木，防止模板变形。①

2. 基础浇筑

基础浇筑分段、分层一般不留施工缝且连续进行。

---

① 王翔 . 装配式混凝土结构建筑现场施工细节详解 [M]. 北京 : 化学工业出版社，2017，第 78 页 .

当条形基础长度较大时，为了避免出现因为温度的变化而出现收缩裂缝，同时为了施工人员进行分段流水作业，所以施工时应考虑在合适的部位留置贯通后浇带。对超厚的条形基础，为了避免出现过大温度收缩应力，而使基础底板出现裂缝，应考虑浇筑入模和较低水泥水化热的温度措施。

3. 基础养护

基础浇筑工作完成后，应对表面进行不少于 14d 的覆盖和洒水养护，防止浸泡地基，必要时应用保温养护措施。

4. 条形基础施工注意事项

（1）在开挖地基时应在保持无水的情况下进行，如果在开挖时有地下水，应在把地下水位降低至基坑底 50cm 以下的部位，这样才能进行土方开挖和基础机构施工。

（2）侧模在混凝土强度保证其表面及棱角不因拆除模板而受损坏后可拆除，底模的拆除根据早拆体系中的规定进行。

（二）独立基础施工

1. 清理及垫层浇筑

垫层混凝土施工的开始之前，应保证地基槽不留积水，清除地基表面的浮土及扰动土。垫层混凝土的施工要保持表面平整，振捣密实，不允许晾晒基土。

2. 独立基础钢筋绑扎

垫层浇灌完成以后，表面弹线，混凝土强度要达到 1.2MPa 后，再进行钢筋绑扎。底板筋要与柱插筋弯钩部分成 45° 的角，并且钢筋绑扎严禁漏扣。作为连接点的地方必须要全部绑扎钢筋，距离底板 5cm 处和距离基础顶 5cm 处绑扎第一个箍筋和最后一个箍筋，以此作为标高控制钢筋和定位筋。定位筋应在柱插筋的最上部分，等到定位箍筋和上下箍筋绑扎完成后将柱插筋调整到正确位置，并用呈井字的木架临时固定一下，然后绑扎剩余箍筋，并保证柱插钢筋不走样，不变形。两道定位筋必须进行更换在近处混凝土浇筑完成后。[①]

①郭学明.装配式混凝土结构建筑的设计、制作与施工 [M].北京：机械工业出版社，2017，第83页.

3. 模板安装

模板安装的进行应在钢筋绑扎及相关施工工作完成后开始，模板安装利用木方或架子管来加固木模或小钢模。锥形基础坡度＜30°时，利用螺栓与底板钢筋拉紧，采用斜模板支护，在模板上设振捣孔和透气孔来防止上浮。锥形基础坡度≤30。时，上口设井字木控制钢筋位置，利用间距30cm的钢丝网来防止混凝土下坠。为了保证模板的牢固和严密，不准将脚手架搭设在吊帮的模板上，不得用重物冲击模板。

4. 清理

清除模板内的木屑、泥土等杂物，木模浇水湿润，堵严板缝和孔洞。

5. 混凝土浇筑

混凝土浇筑分层连续进行，一般每次间歇时间不超过2h或者不超过混凝土初凝时间。可以采用先浇一层5～10cm的混凝土来固定钢筋，这样可以保证钢筋位置的正确。

6. 混凝土振捣

混凝土振捣时应尽量避免碰触预埋螺栓、预埋件，防止预埋件的移位。采用插入式振捣器，插入间距应不大于振捣器作用部分长度的1.25倍。

7. 混凝土找平

混凝土浇筑完成后，使用平板振捣器将表面比较大的混凝土振一遍，然后用刮杆刮平，最后再用木抹子搓平。混凝土表面的标高应在收面前进行校核，不符合要求的应立即整改。

8. 混凝土养护

应在12个小时内对已经浇筑完成的混凝土进行覆盖和浇水。一般的混凝土常温养护不＜7d，特种养护不＜14d。防止混凝土表面裂缝由于养护的不及时，应在现场设有专人检查养护工作的落实。

9. 独立基础施工要点总结

（1）顶板的弯起钢筋、负弯矩钢筋绑扎好后，应做保护，不准在上面踩踏行走。浇筑混凝土时派钢筋工专门负责修理，保证负弯矩钢筋位置的正确性。

（2）泵送混凝土时，注意不要将混凝土泵车内剩余混凝土降低到20cm，以免吸入空气。

（3）控制坍落度，在搅拌站及现场由专人管理，每隔2～3h测试一次。

（三）筏板基础施工

筏板基础施工的工艺流程如下。

1. 模板加工及拼装

（1）模板通常采用定型组合钢模板，采用 U 形环连接。垫层面清理干净后，先分段拼装，模板拼装前先刷好隔离剂（隔离剂主要用机油）。

外围侧模板的主要规格为 900mm×300mm、1200mm×300mm、1500mm×300mm、600mm×300mm。模板支撑在下部的混凝土垫层上，水平支撑用钢管及圆木短柱、木楔等支在四周基坑侧壁上。

比筏板面高出的 50mm 的基础梁上部的侧模用 100mm 宽组合钢模板拼装，为了保证梁的截面尺寸，中间用钢筋或者垫块支撑，用钢丝拧紧。模板边顺直拉线矫正，根据垫层上的弹线来检查矫正轴线、截面尺寸。加固检验完模板后，用水准仪定标高，控制混凝土标高的依据是模板面弹出混凝土上表面的平线。

（2）拆模前要保证拆模时不损坏棱角，因此混凝土的强度要达到一定的标准。拆模的顺序为：先拆模板的支撑管、木楔等，松连接件，再拆模板，清理，分类归堆。

2. 钢筋制作和绑扎

（1）对于受力钢筋，Ⅰ级钢筋末端（包括用作分布钢筋的光圆钢筋）做 180°弯钩时，弯弧内直径不小于 2.5d，弯后的平直段长度不小于 3d。对于螺纹钢筋，当设计要求做 90°或 135°弯钩时，弯弧内直径不小于 5d。对于非焊接封闭筋，末端做 135°弯钩时，弯弧内直径除不小于 2.5d 外，还不应小于箍径内受力纵筋直径，弯后的平直段长度不小于 10d。

（2）钢筋绑扎施工前，为了保持基坑气温及遮挡雨雪，应在基坑内搭建高约 4m 的简易暖棚，避免垫层的混凝土在此期间遭受冻害。管网孔的组成尺寸为 1.5m×1.5m，在上方铺覆盖彩条布的木板、方钢管等，然后铺满草帘。立柱用间距 3.0m，dn50mm 的钢管，顶部纵横向平杆均用 dn50mm 的钢管。暖棚内的照明用间距 5m，两排的普通白炽灯泡。

（3）基础梁及筏板筋的绑扎流程如图 5-3-5。

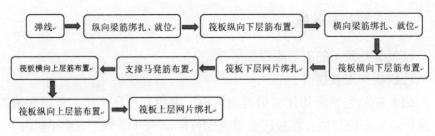

图 5-3-5 基础梁及筏板筋的绑扎

3. 混凝土浇筑、振捣及养护

①按照事先安排的顺序进行，如建筑面积较大，应划分施工段，分段浇筑。

②搅拌时采用石子—水泥—砂—水泥—石子的投料顺序，搅拌时间不少于 90s，保证拌合物搅拌均匀。

③采用插入式振捣棒对混凝土进行振捣。在振捣的过程中振捣棒要插点均匀，插点间距约 40cm，快插慢拔，逐点移动，以防漏振，应有顺序地进行。振捣至混凝土表面不再泛气泡出浆即可。

④浇筑混凝土的施工应连续进行，如果因为非正常的原因使得浇筑暂停，当水泥初凝时间小于暂停的时间时，接槎处应按施工缝进行处理。施工缝应留直槎，对于施工缝的处理方法为：首先将接槎处的浮动石子剔除掉，再将高强度等级的水泥砂浆少量而均匀地撒开，然后开始浇筑混凝土，振捣密实。①

---

① 中国建筑金属结构协会钢结构专家委员会.装配式钢结构建筑技术研究及应用 [M].北京：中国建筑工业出版社，2017，第 61 页.

第六章　装配式建筑施工安全技术与管理

随着我国城市化进程的不断加快，在房地产行业不断发展的同时，也对建筑提出了更高的要求。目前我国装配式混凝土结构建筑依靠节能、施工周期短、质量易控制等多种特点得到了广泛的应用。本章对装配式建筑的结构进行了分析，通过对施工过程中施工技术以及安全的风险评估，提出了在此基础上的施工安全管理，从而保证建筑的质量。

第一节　装配式建筑防腐、防火、防水施工技术

一、装配式建筑结构防腐

（一）结构防腐涂料的选用

1. 防腐涂料的组成

防腐涂料一般由挥发组分（稀释剂）和不挥发组分两部分组成。

刷在钢材表面的防腐涂料，不挥发的成分干结成膜，挥发的成分逐渐挥发逸出。主要、次要和辅助成膜物质为不挥发成分的成膜的三种物质。主要成膜物质是涂料的基础，可以单独成膜，也可以共同成膜和其他粘结颜料，通常称为基料、漆料或添料，它包括油料和树脂。次要成膜物质包含颜料和体质颜料。涂料组成中没有颜料和体质颜料的透明体称为清漆，具有颜料和体质颜料的不透明体称为色漆，加有大量体质颜料的稠原浆状体称为腻子。[①]

2. 防腐涂料的种类及性能

钢结构防腐涂料的种类很多，其性能也各有不同，实际施工过程中应参考表 6-1-1 中的内容进行选用。

---

① 于龙飞，张家春. 装配式建筑发展研究 [J]. 低温建筑技术，2015（9）：40～43.

表 6-1-1 常用防腐涂料性能

名称	优点	缺点
油脂类	耐大气性较好；适用于室内外作打底罩面用；价廉；涂刷性能好；渗透性好	干燥较慢、膜软；力学性能差；水膨胀性大；不能打磨抛光；不耐碱
天然树脂类	干燥比油脂漆快；短油度的漆膜坚硬好打磨；长油度的漆膜柔韧，耐大气性好	力学性能差；短油度的耐大气性差；长油度的漆不能打磨、抛光
沥青漆	耐潮、耐水性好；价廉；耐化学腐蚀性较好；一定的绝缘强度；黑度好	色黑；不能制白色及浅色漆；对日光不稳定；有渗色性；自干漆；干燥不爽滑
氨基漆	漆膜坚硬，可打磨抛光；光泽亮，丰满度好；色浅，不易泛黄；附着力较好；有一定耐热性；耐候性好；耐水性好	需高温下烘烤才能固化；经烘烤过渡，漆膜发脆
乙烯漆	有一定柔韧性；色泽浅淡；耐化学腐蚀性较好；耐水性好	耐溶剂性差；固体分低；高温易碳化；清漆不耐紫外光线
丙烯酸漆	漆膜色线，保色性良好；耐候性优良；有一定耐化学腐蚀性；耐热性较好	耐溶剂性差；固体分低
聚酯漆	固体分高；耐一定的温度；耐磨，能抛光；有较好的绝缘性	干性不易掌握；施工方法较复杂；对金属附着力差
环氧漆	附着力强；耐碱、耐熔剂；有较好的绝缘性能；漆膜坚韧	室外曝晒易粉化；保光性差；色泽较深；漆膜外观较差
聚氨酯	耐磨性强，附着力好；耐潮、耐水、耐溶剂性好；耐化学和石油腐蚀；具有良好的绝缘性	漆膜易转化、泛黄；对酸、碱、盐、醇、水等物很敏感，因此施工要求高；有一定毒性

（二）涂装方法的选择

施工过程中要根据现场的施工条件及施工方案等内容，合理地选择涂装的施工方法。对涂装质量、节约材料、降低成本、进度的要求有赖于合理地选择施工方法。

1. 滚涂法

滚涂法是指进行涂料施工时，用合成纤维或羊毛制成多孔具有吸附能力的材料，贴附在圆筒做成的滚子上的一种方法。主要用于水性漆、油性漆、酚醛漆和醇酸漆类的涂装。该法的优势是施工用具简单，操作方便，施工效率比刷涂法高 1 ~ 2 倍。滚涂法防腐施工操作要点如下。

（1）涂料应倒入装有滚涂板的容器内，将滚子的一半浸入涂料，然后提起在滚涂板上来回滚涂几次，使棍子全部均匀浸透涂料，并把多余的涂料滚压掉。

（2）把滚子按 W 形轻轻滚动，将涂料大致地涂布于被涂物上，然后滚子上下密集滚动，将涂料均匀地分布开，最后使滚子按一定的方向滚平表面并修饰。

（3）滚动时，初始用力要轻，以防流淌，随后逐渐用力，以使涂层均匀。

（4）滚子用后，应尽量挤压掉残存的油漆涂料，或使用涂料的稀释剂将滚子清洗干净，晾干后保存好，以备后用。

2. 刷涂法

刷涂法是用漆刷进行涂装施工的一种方法，刷涂法防腐施工操作要点有如下几个。

（1）使用漆刷时，通常采用直握法，用手将漆刷握紧，以腕力进行操作。

（2）涂漆时，漆刷应蘸少许的涂料，浸入漆的部分应为毛长的 $1/3 \sim 1/2$。蘸漆后，要将漆刷在漆桶内的边上轻抹一下，除去多余的漆料，以防流淌或滴落。

（3）对干燥较慢的涂料，应按涂敷、抹平和修饰三道工序进行操作。涂敷：就是将涂料大致地涂布在被涂物的表面上，使涂料分开。抹平：就是用漆刷将涂料纵、横反复地抹平至均匀。修饰：就是用漆刷按一定方向轻轻地涂刷，消除刷痕及堆积现象。在进行涂敷和抹平时，应尽量使漆刷垂直，用漆刷的腹部刷涂。在进行修饰时，则应将漆刷放平些，用漆刷的前端轻轻地涂刷。

（4）刷涂的顺序：一般应按自上而下、从左到右、先里后外、先斜后直、先难后易的原则，最后用漆刷轻轻地涂抹边缘和棱角，使漆膜致密、均匀、光亮和平滑。

（5）刷涂的走向：刷涂垂直表面时，最后一道应由上向下进行；刷涂水平表面时，最后一道应按光线照射的方向进行；刷涂木材表面时，最后一道应顺着木材的纹路进行。

3. 空气喷涂法

空气喷涂法是指涂料在压缩空气的气流作用下带入喷枪，然后经喷嘴气压吹散形成雾状，喷涂到被涂物表面上的特殊涂装方法。对于空气喷涂法操作有如下几个要点。

（1）进行喷涂时，必须将空气压力、喷出量和喷雾幅度等参数调整到适当程度，以保证喷涂质量。

（2）喷涂距离控制。喷涂距离过远，油漆易落散，造成漆膜过薄而无光；喷涂距离过近，漆膜易产生流淌和橘皮现象。喷涂距离应根据喷涂压力和喷嘴大小来确定，一般使用大口径喷枪的喷涂距离为 200～300mm，使用小口径喷枪的喷涂距离为 150～250mm。

（3）喷涂时，喷枪的运行速度应控制在 30～600cm/s 范围内，并应运行稳定。喷枪应垂直于被涂物表面。如喷枪角度倾斜，漆膜易产生条纹和斑痕。

（4）喷涂时，喷幅搭接的宽度一般为有效喷雾幅度的 1/4～1/3，并保持一致。

（5）喷枪使用完后，应立即用溶剂清洗干净。枪体、喷嘴和空气帽应用毛刷清洗。气孔和喷漆孔遇有堵塞，应用木钎疏通，不准用金属丝或铁钉疏通，以防损伤喷嘴孔。

4. 浸涂法

浸涂法适用于骨架状、形状复杂的被涂物。首先将被涂物放入漆槽中浸渍一段时间，然后吊起尽量滴净多余的涂料，并自然晾干或烘干。其优点是可使被涂物的里外同时得到涂装。浸涂法主要适用于烘烤型涂料的涂装，以及自干型涂料的涂装，通常不适用于挥发型快干的涂料。采用此法时，涂料应具备下述性能：在低黏度时，颜料应不沉淀；在浸涂槽中和物件吊起后的干燥过程中不结皮；在槽中长期贮存和使用过程中，应不变质、性能稳定、不产生胶化。浸涂槽敞口面应尽可能小些，以减少稀料挥发和加盖方便。在浸涂厂房内应装置排风设备，及时地将挥发的溶剂排放出去，以保证人身健康和避免火灾。鉴于涂料的黏度对浸涂漆膜质量有影响，在施工过程中，应保持涂料黏度的稳定性，每班应测定 1～2 次黏度，如果黏度增大，应及时加入稀释剂调黏度。为防止溶剂在厂房内扩散和灰尘落入槽内，应把浸涂装备间隔起来。在不使用时，小的浸涂槽应加盖，大的浸槽需将涂料排放干净，同时用溶剂清洗。对被涂物的装挂，应预先通过试浸来设计挂具及装挂方式，确保工件在浸涂时在最佳位置，使被涂物的最大面接近垂直，其他平面与水平呈 10°～40°，使余漆能在被涂物面上能较流畅地流尽，以防产生堆漆或气泡现象。

（三）涂层结构形式及涂层厚度的组成

1. 涂层结构形式

钢结构涂层的结构形式一般有底漆—中间漆—面漆、底漆—面漆、底漆和面漆为一种漆等形式。

2. 涂层厚度的组成

钢材涂层的厚度，一般由基本涂层厚度、防护涂层厚度和附加涂层厚度三部分组成，其具体内容见表6-1-2。

表6-1-2　涂层厚度的组成

名称	主要内容
基本涂层厚度	基本涂层厚度是指涂料在钢材表面上形成均匀、致密、连续漆膜所需的最薄厚度
防护涂层厚度	防护涂层厚度是指涂层在使用环境中，在围护周期内受到腐蚀、粉化、磨损等所需的厚度
附加涂层厚度	附加涂层厚度是指因以后涂装维修困难和留有安全系数所需的厚度

（四）结构防腐涂装施工

施工流程：涂料预处理—刷防锈漆—局部刮腻子—涂刷操作—喷涂操作—二次涂装。

1. 涂料预处理

根据施工方案或施工组织设计选定涂料后，在施涂前一般都要对涂料进行处理，其具体操作步骤及内容见表6-1-3。

表6-1-3　涂料预处理步骤及内容

步骤	内容
开桶	开桶前应将桶外的灰尘、杂物清理干净，以免其混入油漆桶内。同时对涂料的名称、型号和颜色进行检查，是否与设计规定或选用要求相符合，检查制造日期是否超过贮存期，凡不符合上述要求的应另行研究处理。若发现有结皮现象，应将漆皮全部取出，以免影响涂装质量
搅拌	桶内的油漆和沉淀物全部搅拌均匀后才可使用
配比	双组分的涂料使用前必须严格按照说明书所规定的比例来混合。双组分涂料只要按配比混合后就必须在规定的时间内用完，超过时间的不得使用
熟化	两组分涂料混合搅拌均匀后，需要过一定熟化时间才能使用，为保证漆膜的性能，对此要特别注意
稀释	有的涂料因施工方法、贮存条件、作业环境、气温的高低等不同情况的影响，在使用时有时需用稀释剂来调整黏度

步骤	内容
过滤	过滤是将涂料中可能产生的或混入的固体颗粒、漆皮或其他杂物滤掉，以免这些杂物堵塞喷嘴及影响漆膜的性能及外观。一般可以使用 80～120 目的金属网或尼龙丝筛进行过滤，以保证喷漆的质量

2. 刷防锈漆

涂刷底漆一般应在金属结构表面清理完毕后就施工，否则，金属表面又会再次因氧化生锈。

可按设计要求的，防锈漆在金属结构上满刷一遍。如原来已刷过防锈漆，应检查有无损坏及有无锈斑。凡有损坏及锈斑处，应将原防锈漆层铲除，用钢丝刷和砂布彻底打磨干净后，再补刷一遍防锈漆。

底漆一般均为自然干燥，使用环氧底漆时也可进行烘烤，质量比自然干燥要好。

3. 局部刮腻子

待防锈漆干透后，将金属面的砂眼、缺棱、凹坑等处用石膏腻子刮抹平整。石膏配合比如下：

石膏粉：熟桐油：油性腻子：底漆：水 =20:5:10:7:45。

4. 涂刷操作

涂刷必须按设计和规定的层数进行。涂刷层数的主要目的是保护金属结构的表面经久耐用，所以必须保证涂刷层次及厚度，这样才能消除涂层中的孔隙，以抵抗外来的侵蚀，达到防腐和保养的目的。

5. 喷漆操作

喷漆施工时，应先喷头道底漆，黏度控制在 20～30St、气压为 0.4～0.5MPa，喷枪距物面 20～30cm，喷嘴直径以 0.25～0.3cm 为宜。先喷次要面，后喷主要面。喷漆施工时，应注意以下事项。

（1）在喷大型工件时可采用电动喷漆枪或静电喷漆。

（2）在喷漆施工时应注意通风、防潮、防火。工作环境及喷漆工具应保持清洁，气泵压力应控制在 0.6MPa 以内，并应检查安全阀是否好用。

（3）使用氨基醇酸烘漆时要进行烘烤，物件在工作室内喷好后应先放在室温中流平 15～30min，然后再放入烘箱。先用低温 60℃烘烤半小时后，再按烘漆预定的烘烤温度（一般在 120℃左右）进行恒温烘烤 1.5h，最后降温至工件干燥出箱。

凡用于喷漆的一切油漆，使用时必须掺加相应的稀释剂或相应的稀料，掺量以能顺利喷出成雾状为宜（一般为漆重的1倍左右），并通过0.125mm孔径筛清除杂质。

干后用快干腻子将缺陷及细眼找补填平；腻子干透后，用水砂纸将刮过腻子的部分和涂层全部打磨一遍。擦净灰迹待干后再喷面漆，黏度控制在18～22St。

二、装配式建筑结构防火

（一）结构防火涂料的选择

防火涂料是一种能够提高被涂饰材料耐火性能的特殊材质，用于可燃性基础材质的表面，可使得被涂饰材料表面的可燃性降低，起到阻滞火灾迅速蔓延的作用。所以应合理地选择结构适合的防火涂料，从而提高结构的耐火极限。

1.防火涂料的选用原则

当建筑结构为钢结构时，防火涂料分为薄涂型和厚涂型两类，其选用原则的具体内容如下。

（1）规定耐火极限在1.5h以上的建筑物，应选用钢结构厚涂型防火涂料。这主要使用于高层钢结构、室内隐蔽钢结构以及多层钢结构厂房。

规定耐火极限在1.5h以下的建筑物，应选用钢结构薄涂型防火材料。这主要使用于轻型屋盖钢结构、室内裸露钢结构以及有装饰要求的钢结构。

（2）当防火涂料分为底层和面层涂料时，两层涂料应相互匹配，且底层不应腐蚀钢结构，不应与防锈底漆产生化学反应，面层若为装饰性涂料，选用涂料应通过试验验证。

防火涂料的试验包括粘结强度试验和抗压强度试验等内容。

2.防火涂料的适用条件

（1）涂层干后不得有刺激性气味。燃烧时一般不产生浓烟和不利于人体健康的气体。

（2）对于生产防火涂料的原料应做到生产之间进行质量合格检验，严禁使用苯类溶剂和石棉材料做为制造防火涂料的原料。

（3）防火涂料的性质应呈碱性或偏碱性，对于复层涂料的使用应相互配套，底层的涂料要能与普通的防锈漆相互配合使用。

（二）防火涂层厚度的确定及测定

1.防火涂层厚度的确定

若建筑主体结构为钢结构，确定钢结构防火涂层的厚度时，应把施加给钢结构的涂层质量，在不超过允许范围计算在结构荷载内。还应该规定出颜色装饰的要求和外观的平整度，对于露天及裸露钢结构的防火涂层。可按下述要求来确定钢结构防火涂料涂层厚度。

（1）不同构件耐火极限的要求应严格按照有关规范对钢结构的要求来进行，涂层厚度的选定应根据标准耐火试验数据来进行。

（2）涂层的厚度应根据标准耐火试验数据的计算来确定。

2.防火涂层厚度的测定

（1）测针与测试图。针杆和可滑动的圆盘是组成测针的两个部分。

圆盘上装有固定装置，并始终保持与针杆垂直，为了保持与被测试件的表面完全接触，圆盘的直径应不大于30mm。当被插试件不易被厚度测量仪插入时，也可考虑其他的最佳方法进行测试。

（2）测试时，将测厚探针垂直插入防火涂层直至钢材表面上，记录标尺读数，如图6-1-1所示。

图 6-1-1 测涂层厚度示意图

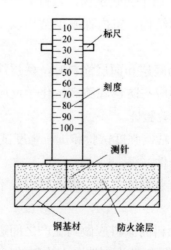

（3）选定测点。测点的选择必须按照这些要求进行：①选择相邻两

纵横相交中的面积为一个测量单元，对于楼板和防火墙的防火涂层厚度的测定，在相交对角线上进行测试以每米长度选一点。②在构件长度内每隔3m取一截面来对钢框架结构的梁和柱进行防火涂层的厚度测量。③桁架结构：腹杆每一根取一截面检测，每隔3m取上弦和下弦的截面检测。

（4）测量结果。对于楼板和墙面至少要测出5个点在所选择的面积中，分别测出6个和8个点在所选择的梁和柱的位置中，精确到0.5mm分别计算出它们的平均值。

（三）防火涂装施工

1.薄涂型防火涂料施工

（1）底层喷涂施工

喷涂底层（包括主涂层，以下相同）涂料，应采用重力（或喷斗）式喷枪，配能够自动调压的 $0.6 \sim 0.9 m^3/min$ 的空压机。底涂层一般应喷 $2 \sim 3$ 遍，每遍 $4 \sim 24h$，待上一遍基本干燥后再喷后一遍。第一遍喷涂的要求为盖住基底面70%，每遍厚度应不超过2.5mm。在对第二、三遍进行喷涂时，每喷11mm厚的涂层，耗湿涂料 $1.2 \sim 1.5 kg/m^2$。底涂层施工的注意事项有以下几个方面。

①喷涂时应保证涂层完全闭合，轮廓清晰。

②操作者要携带测厚针检测涂层厚度，并保证喷涂达到设计规定的厚度。

③当钢基材表面除锈和防锈处理符合要求，尘土等杂物清除干净后方可施工。

④底层一般喷 $2 \sim 3$ 遍，每遍喷涂厚度不应超过2.5mm，必须在前一遍干燥后，再喷涂后一遍。

⑤当设计要求涂层表面要平整光滑时，应对最后一遍的涂层做抹平处理，确保外表面均匀平整。

（2）面涂层施工

①面层装饰涂料可以喷涂、滚涂或刷涂，一般情况下，施工会采用喷涂施工。在进行喷底层涂料时应将喷枪的喷嘴直径换为 $1 \sim 2mm$，空气压力调为0.4MPa左右才能对喷面层装饰涂料进行喷涂。

②在对露天钢结构进行防火保护时，喷好防火的底涂层后还可选择

用量为 $1.0kg/m^2$ 适合于建筑外墙用的面层涂料来作为对防水层的装饰。对于面层施工的要求应确保搭接处均匀平整,各部分的颜色保持均匀一致。

③面层喷涂的要点:其一,是面层应在底层涂装基本干燥后开始涂装;面层涂装应颜色均匀、一致,接槎平整;其二,当底层基本干燥后并且符合相关的设计规定后,才能进行面层的施工。面层的涂饰要全部覆盖底层,一般涂饰 $1 \sim 2$ 次,涂料用量为 $0.5 \sim 1.0kg/m^2$。

2. 厚涂型防火涂料施工

（1）施工机具的选择

施工机具的选择,一般是采用喷涂施工,机具可为压送式喷涂机或挤压泵,配能自动调压的($0.6 \sim 0.9m^3/min$)空压机,喷枪口径为 $6 \sim 12mm$。局部修补可采用抹灰刀等工具手工抹涂。

（2）涂料的拌制与配置

由工厂制造好的单组分湿涂料,现场应采用便携式搅拌机搅拌均匀。对于涂料的搅拌和调配,应做到稠度适应,这样才能在输送管道中流动畅通,喷涂后不会流淌和下坠。应按照涂料的说明书规定来进行混合搅拌,由工厂提供的专用干粉料,施工现场加水或用专业的稀释剂来进行调配,必须在规定的时间内把配制好的涂料用完,尤其是化学固化干燥的涂料,即配即用。

（3）施工操作要点

①应根据防火的设计要求来确定喷涂的涂层的厚度、喷涂保护方式和喷涂次数。耐火极限 $1 \sim 3h$,一般需喷 $2 \sim 5$ 次,涂层厚度 $10 \sim 40mm$。施工过程中,操作者的操作要符合设计规定的厚度,采用测厚针检测涂层厚度,只有在符合相关规定后才能停止喷涂。

②在进行操作的过程中,为了防止涂料的堆积流淌,持枪手应紧握喷枪注意移动速度,在一个喷涂面停留的时间不宜过长;由于输送涂料的管道长而较笨重,所以应配有一名助手来协助托起管道和帮助移动;不得停顿,在配料和往挤压泵加料时都要连续进行。[①]

③喷涂后的表面要保持均匀,对明显的乳突要适当维修,用抹灰刀等工具去掉。

（4）厚涂型防火涂料喷涂要点

---

① 王翔. 装配式混凝土结构建筑现场施工细节详解 [M]. 北京:化学工业出版社, 2017, 第 56 页.

配料要即配即用，为使稠度适应，应严格按照配比加稀释剂和加料。施工过程中喷涂的遍数、涂层的厚度和喷涂保护方式应严格根据施工设计要求确定。分遍完成喷涂施工，每遍喷涂的厚度应为 5～10mm，上一遍喷饰干燥或固化后再进行下一遍。在施工过程中，为了达到设计规定的厚度，操作者应采用测厚针来精确地检测涂层的厚度，符合规定后才可停止喷涂。当防火涂层出现涂层粘结不牢、脱落、干燥固化不良、钢结构有明显的凹陷，在转角和接头处和涂层厚度虽大于设计规定厚度的 85% 但未达到规定厚度的涂层，且连续面积的长度超过 1m 时，应重新喷涂或补涂。

三、基础防水施工操作

装配式工程在地上部分采用装配式构件进行安装，地下结构部分多数采用的是钢筋混凝土结构的基础，所以在基础防水施工中的具体操作方法可参考钢筋混凝土结构基础防水的方法。

（一）水泥砂浆防水层施工

水泥砂浆防水层施工流程：作业条件—基层处理—刷素水泥浆—抹底层砂浆—抹面层砂浆—水泥砂浆防护层的养护。

1. 作业条件

（1）结构验收合格，已办好验收手续。

（2）地下防水施工期间做好排水，直至防水工程全部完工为止。排水降水措施应按施工方案执行。

（3）施工前应将预埋件、穿墙管预留凹槽内嵌填密封材料后，再施工防水砂浆。

（4）基层表面应平整、坚实、粗糙、清洁，并充分湿润、无积水。

2. 基层处理

清理基层，剔除松散附着物。基层表面的孔洞、缝隙应用与防水层相同的砂浆堵塞压实抹平。混凝土基层应做凿毛处理，使基层表面平整、坚实、粗糙、清洁，并充分润湿、无积水。施工前应将预埋件、穿墙管预留凹槽内嵌填密封材料后，再施工防水砂浆。基层的混凝土和砌筑砂浆强度应不低于设计值的 80%。

3. 刷素水泥浆

根据配合比将材料拌合均匀，在基层表面涂刷均匀，随即抹底层砂浆。如基层为砌体时，则抹灰前一天用水管把墙浇透，第二天洒水湿润即可进行底层砂浆施工。

4. 抹底层砂浆

按配合比调制砂浆，搅拌均匀后进行抹灰操作，底灰抹灰厚度为 5～10mm，在砂浆凝固之前用扫帚扫毛。砂浆要随拌随用，拌和后使用时间不宜超 1h，严禁使用拌和后超过初凝时间的砂浆。

5. 抹面层砂浆

刷完素水泥浆后，紧接着抹面层砂浆，配合比同底层砂浆，抹灰厚度为 5～10mm，抹灰宜与第一层垂直，先用木抹子搓平，后用铁抹子压实、压光。

6. 水泥砂浆防护层的养护

普通水泥砂浆防水层终凝后应及时养护，养护温度不宜低于 5℃，并保持湿润，养护时间不得少于 14d。聚合物水泥砂浆防水层未达到硬化状态时，不得浇水养护或直接雨水冲刷，硬化后应采用干湿交替的养护方法。在潮湿环境中，可在自然条件下养护。使用特种水泥、外加剂、掺合料的防水砂浆，养护应按新产品有关规定执行。

（二）卷材防水层施工

在防水层施工中，卷材及配套材料的品种、规格、性能必须符合设计和规范要求，不透水性、拉力、延伸率、低温柔度、耐热度等指标控制应符合要求。卷材防水层的施工步骤及内容见表 6-1-4。

表 6-1-4 卷材防水层施工步骤及内容

步骤	内容
基层清理	施工前将验收合格的基层清理干净、平整牢固、保持干燥
涂刷基层处理剂	在基层表面满刷一道用汽油稀释的高聚物改性沥青溶液，涂刷应均匀，不得有露底或堆积现象，也不得反复涂刷，涂刷后在常温经过 4h 后（以不粘脚为准），开始铺贴卷材
特殊部位加强处理	管根、阴阳角部位加铺一层卷材。按规范及设计要求将卷材裁成相应的形状进行铺贴

续表

基层弹分条铺贴线	在处理后的基层面上，按卷材的铺贴方向，弹出每幅卷材的铺贴线，保证不歪斜（以后上层卷材铺贴时，同样要在已铺贴的卷材上弹线）
热熔铺贴卷材	（1）底板垫层混凝土平面部位宜采用空铺法或点粘法，其他与混凝土结构相接触的部位应采用满粘法；采用双层卷材时，两层之间应采用满粘法。 （2）将改性沥青防水卷材按铺贴长度进行裁剪并卷好备用，操作时将已卷好的卷材端头对准起点，点燃汽油喷灯或专用火焰喷枪，均匀加热基层与卷材交接处，喷枪距加热面保持300mm左右往返喷烤，当卷材表面的改性沥青开始熔化时，即可向前缓缓滚铺卷材
热熔封边	卷材搭接缝处用喷枪加热，压合至边缘挤出沥青粘牢。卷材末端收头用沥青嵌缝膏嵌填密实
保护层施工	平面应浇筑细石混凝土保护层；立面防水层施工完，宜采用聚乙烯泡沫塑料片材做软保护层

（三）涂膜防水层施工

在进行涂膜防水层施工前，应先清扫干净基层表面的灰尘、灰浆硬块、杂物等，并用干净的湿布擦拭一次。然后检查基层是否平整、起砂、无空裂等缺陷之后，才能进行下一道工序进行施工。涂膜防水层的施工步骤及内容见表6-1-5。

表 6-1-5 涂膜防水层施工步骤及内容

步骤	内容
细部做附加涂膜层	（1）穿墙管、阴阳角、变形缝等薄弱部位，应在涂膜层大面积施工前，先做好增强的附加层
细部做附加涂膜层	（2）附加涂层做法：一般采用一布二涂进行增强处理，施工时应在两道涂膜中间铺设一层聚酯无纺布或玻璃纤维布。作业时应均匀涂刷一遍涂料，涂膜操作时用板刷刮涂料驱除气泡，将布紧密地粘贴在第一遍涂层上。阴阳角部位一般将布剪成条形，管根为块形或三角形。第一遍涂层表干（12h）后进行第二遍涂刷。第二遍涂层实干（24h）后方可进行大面积涂膜防水施工

续表

步骤	内容
第一遍涂膜施工	（1）涂刷第一遍涂膜前应先检查附加层部位有无残留的气孔或气泡，如有气孔或气泡，则应用橡胶刮板将涂料用力压入气孔，局部再刷涂一道，表干后进行第一遍涂膜施工。 （2）涂刮第一遍聚氨酯防水涂料时，可用塑料或橡皮刮板在基层表面均匀涂刮，涂刮要沿同一个方向，厚薄应均匀一致，用量为 $0.6 \sim 0.8 kg/m^2$。不得有漏刮、堆积、鼓泡等缺陷。涂膜实干后进行第二遍涂膜施工
第二遍涂膜施工	第二遍涂膜采用与第一遍相垂直的涂刮方向，涂刮量、涂刮方法与第一遍相同
第三、四遍涂膜施工	（1）第三遍涂膜涂刮方向与第二遍垂直，第四遍涂膜涂刮方向与第三遍垂直。其他作业要求与前面两遍涂膜施工相同。 （2）涂膜总厚度应不小于2mm
涂膜保护层施工	涂膜防水施工后应及时做好保护层；平面涂膜防水层根据部位和后续施工情况可采用20mm厚1:2.5水泥砂浆保护层或 $40 \sim 50mm$ 厚细石混凝土保护层。当后续施工工序荷载较大（如绑扎底板钢筋）时，应采用细石混凝土保护层；墙体迎水面保护层宜采用软保护层，如粘贴聚乙烯泡沫片材等

四、屋面防水施工操作

装配式建筑在屋面防水施工中的具体操作方法可参考钢筋混凝土结构屋面防水施工的方法。

（一）刚性防水屋面施工

刚性防水屋面因其防水层的节点部位与柔性材料的交叉使用，才使得防水具有可靠性。可用于Ⅰ、Ⅱ级屋面的多道防水层中的一道防水层，主要适用于防水等级为Ⅲ级的屋面；大跨度和轻型屋盖的层面、设有松散的保温层屋面以及受到冲击和振动的建筑屋面这四种类型的屋面是不适宜用刚性防水屋面的。[①]

---

① 上海城建职业学院.装配式混凝土建筑结构安装作业[M].上海：同济大学出版社，2016，第110页.

施工流程：基础处理、找平层和找坡层施工—隔离层施工—弹分格缝线、安装分格缝木条、支边模板施工—绑扎防水层钢筋网片—浇筑细石混凝土防水层施工。

1.基础处理、找平层和找坡层施工

基层为整体现浇钢筋混凝土板或找平层时，应为结构找坡。屋面的坡度应符合设计要求，一般为2%～3%。基层为装配式钢筋混凝土板时，板端缝应嵌填密封材料处理。基层应清理干净，表面应平整，局部缺陷应进行修补。

2.隔离层施工

（1）必须干燥。

（2）石灰黏土砂浆铺设时，基层清扫干净，洒水湿润后，石灰膏：砂：黏土的配合比为1:2.4:3.6，铺抹厚度为15～20mm，表面压实平整，抹光干燥后再进行下道工序的施工。

（3）纸筋灰与麻刀灰做刚性防水层的隔离层时，纸筋灰与麻刀灰所用灰膏要彻底熟化，防止灰膏中未熟化颗粒将来发生膨胀，影响工程质量。铺设厚度为10～15mm，表面压光，待干燥后，上铺塑料布一层，再绑扎钢筋，浇筑细石混凝土。

3.弹分格缝线、安装分格缝木条

弹分格缝线。分格缝弹线分块应按设计要求进行，如设计无明确要求时，应设在屋面板的支承端、屋面转折处、防水层与突出屋面结构的交接处，纵横分格不应大于6m。分格缝木条应采用水泥素灰或水泥砂浆固定于弹线位置，要求尺寸和位置准确。

4.绑扎防水层钢筋网片

绑扎防水层钢筋网片，首先要把隔离层清扫干净，弹出分格缝墨线，将钢筋满铺在隔离层上，钢筋网片必须置于细石混凝土中部偏上的位置，但保护层厚度不应小于10mm。绑扎成型后，按照分格缝墨线处剪开并弯钩。采用绑扎接头时应有弯钩，其搭接长度不得小于250mm。绑扎火烧丝收口应向下弯，不得露出防水层表面。

5.浇筑细石混凝土防水层施工

细石混凝土浇筑前，应将隔离层表面杂物清除干净，钢筋网片和分格缝木条放置好并固定牢固。浇筑混凝土按块进行，一个分格板块范围内的混凝土必须一次浇捣完成，不得留置施工缝。浇筑时先远后近，先高后低，先用平板锹和木杠基本找平，再用平板振捣器进行振捣，用木杠二次刮平。细石混凝土终凝并有一定强度（12～24h）后，再进行养护，养护时间不少于7d。养护方法可采用淋水湿润，也可采用喷涂养护剂、覆盖塑料薄膜或锯末等方法，必须保证细石混凝土处于充分湿润的状态。

（二）卷材防水屋面施工

卷材防水是具有柔性的一种可卷曲成卷状的建材产品，主要用于建筑墙体、屋面、公路、隧道以及垃圾填埋场等地，作为建筑物与工程基础之间的起到抵御外界雨水和地下水渗漏的一种无渗漏连接的方式，它对整个工程的建设起着非常关键的作用，对整个工程的防水措施起着第一道防护的作用。

施工流程：基层清理—涂刷基层处理剂—附加层施工—热熔铺贴卷材—屋面防水保护层施工。

1. 基层清理

施工前将验收合格基层表面的尘土、杂物清理干净。

2. 涂刷基层处理剂

高聚物改性沥青防水卷材可选用与其配套的基层处理剂。使用前在清理好的基层表面，用长把滚刷均匀涂布于基层上，常温经过4h后，开始铺贴卷材。

3. 附加层施工

附加层，如女儿墙、水落口、管根、檐口、阴阳角等细部先做附加层，一般用热熔法，使用改性沥青卷材施工，必须粘贴牢固。

4. 热熔铺贴卷材

热熔铺贴卷材：按弹好标准线的位置，在卷材的一端用火焰加热器将卷材涂盖层熔融，随即固定在基层表面，用火焰加热器对准卷材卷和基层表面的夹角，喷嘴距离交界处300mm左右，边熔融涂盖层边跟随熔融范围缓慢地滚铺改性沥青卷材，卷材下面的空气应排尽，并辊压粘结牢固，不得空鼓。

5. 屋面防水保护层施工

屋面防水保护层分为着色剂涂料、地砖铺贴、浇筑细石混凝土或用带有矿物粒（片）料、细砂等保护层的卷材。

（三）涂膜防水层面施工

1.涂膜防水层

涂膜防水层与基层应粘结牢固，表面平整，涂刷均匀，无流淌、皱折、脱皮、起鼓、裂缝、鼓泡、露胎体和翘边等缺陷。

2.涂膜防水层面操作步骤及内容

涂膜防水屋面操作步骤及具体内容见表6-1-6。

表6-1-6 涂膜防水屋面操作步骤及内容

步骤	内容
清理基层	将基层表面的砂浆疙瘩、突出物等用扫帚、铲刀铲除掉，并将尘土废杂物品打扫干净。用高强度等级水泥砂浆把凸凹不平的地方修补顺平。认真清理管根、地漏、阴阳角、水落口等部位
涂料的调配	涂膜防水材料的配制：按照生产厂家指定的比例分别称取适量的液料和粉料，配料时把粉料慢慢倒入液料中并充分搅拌，搅拌时间不少于10min至无气泡为止。搅拌时不得加水或混入上次搅拌的残液及其他杂质。配好的涂料必须在厂家规定的时间内用完
涂刷底层涂料	涂刷底层涂料，将已搅拌好的底层涂料，用长板刷或圆形滚刷滚动涂刷，涂刷要横竖交叉进行，达到均匀、厚度一致，不漏底，待涂层干燥后，再进行下道工序
细部附加层处理	细部附加层增强处理，对预制天沟、檐沟与屋面交界处，应增加一层涂有聚合物水泥防水涂料的胎体增强材料作为附加层。檐口处、压顶下收头处应多遍涂刷封严，或用密封材料封严
涂刷下层涂料	涂刷下层涂料须待底层涂料干燥后方可涂刷
涂刷中层涂料	涂刷中层涂料须待下层涂料干燥后方可涂刷
涂刷面层涂料	涂刷面层涂料，待中层涂料干燥后，用滚刷均匀涂刷。可多刷一遍或几遍，直至达到设计规定的涂膜厚度

3.涂膜防水屋面施工的要点

（1）第一层涂刷4个小时后涂料会固结成膜，在涂刷第二层时应铺无纺布，这样做可以防止因温度变化而引起的膨胀或收缩，同时刷第三次涂膜。无纺布的搭接宽度应不小于 100mm。屋面防水涂料的涂刷不得少于五遍，涂膜厚度不应小于 1.5mm。

（2）卷材与聚合物水泥防水涂料复合使用时，应将涂膜防水层放在下面；刚性防水材料与涂膜复合使用时，刚性防水层放在上面，涂膜放在下面。

（3）防水层完工后应做蓄水试验，蓄水 24h 无渗漏为合格。坡屋面可做淋水试验，淋水 2h 无渗漏为合格。

（4）保护层：涂膜防水作为屋面面层时，不宜采用着色剂保护层。一般应铺面砖等刚性保护层。

第二节 装配式建筑施工管理

一、专项施工方案的编制

（一）专项施工方案的组成要素

专项施工方案编制过程中的组成要素如下：①工程概况；②施工安排；③施工进度计划；④施工准备与资源配置计划；⑤施工方法及工艺要求。

（二）编制专项施工方案的具体要求

1. 工程概况

工程概况主要包括工程的主要情况、工程设计的相关说明工程施工条件等。其中，工程主要情况应包括专项工程名称、参与工程建设的单位、分项工程相关情况、施工合同、总承包单位、工程的施工范围、招标文件等相关情况。设计说明应主要介绍施工范围内的工程设计内容和相关要求。工程施工条件应重点说明与分部（分项）工程或专项工程相关的内容。

装配式混凝土结构施工，除了应编制相应的施工方案外，还应把专项施工方案进行细化，具体内容如下：

（1）储存场地及道路方案；

（2）吊装方案（叠合板的吊装、预制墙板的吊装、楼梯的吊装）；

（3）叠合板的排架方案（独立支撑）；

（4）转换层施工，钢筋的精确定位方案；

（5）墙板的支撑方案（三角支撑）；

（6）叠合层的浇筑、拼缝方案；

（7）叠合层与后浇带养护方案；

（8）注浆施工方案；

（9）外挂架使用方案。

2. 施工安排

工程施工目标包括成本、质量、安全、进度和环境等目标，各项工程施工目标应同时满足招标文件的要求、施工合同和总承包单位对工程施工的要求。在施工安排中确定工程施工的流水段和顺序。在进行施工安排时，应根据工程的难点和重点，并简述工程的主要技术和管理措施。在施工安排中确定符合总承包单位要求的岗位职责和工程管理的组织机构。

3. 施工进度计划

施工进度计划的编制应本着科学实用、安排合理、内容全面的原则，专项工程和分包工程的施工安排也应按照施工进度计划和总承包单位的要求来进行。施工进度计划应和总体进度计划相吻合，并落实和体现总体计划的目标控制要求。同时，在各工序之间和各施工区段的连接关系、施工的开始和结束的期限都要在施工进度计划中有所体现。对于总进度计划的合理性应通过编制专项工程和分项工程来体现。[①]

另外，还可采用网络图或横道图以及必要的说明来体现施工进度计划。

4. 施工准备与资源配置计划

（1）施工准备工作

①技术准备：包括施工的图纸深化、工程所需技术资料的准备、技术交底的要求、测试工作计划、试验校验、相关单位的技术交接、样板制作计划等。

②现场准备：包括相关单位进入现场交接的计划、生产、生活等相关的临时设施的准备等。

③资金准备：编制工程进度过程中的资金使用计划等。

（2）资源配置计划

①劳动力配置计划：确定工程用工量，并编制专业种劳动力计划表。

②物资配置计划：包括施工机具配置和周转材料计划，计量、检验仪器配置和测量等计划，设备配置和工程材料计划等。

5. 施工方法及工艺要求

在施工中有必要对专项工程和分项工程进行技术核算，明确主要分项工程的工艺要求。工程施工期间所采用的工艺流程、技术方案、检验

---

① 王俊，赵基达，胡宗羽. 我国建筑工业化发展现状与思考 [J]. 土木工程学报，2016(5):2～10.

手段、组织措施等施工方法，将对施工质量、安全、进度和工艺成本起着直接的影响作用。对于这一条的规定内容应比单位工程施工组织设计和施工组织总设计的相关内容更细化。

对于分项工程（工序）中施工难度大、易发生质量通病、技术含量高、易出现安全问题的必须做出重点说明。

工程施工过程中应通过科学而有必要的论证和试验来对新技术和新材料、新设备以及新工艺的开发是使用制订合理的计划。同时也可采用目前国家和地方普遍推广的新技术、新材料和新设备、新工艺，也可以根据工程的实际情况来由企业进行自主创新，并制订试验研究和理论的实施方案，对于企业实行自主创新的技术和工艺，组织鉴定评价。

另外，应根据具体情况具体分析，根据每个施工工地的实际情况，如实际气候特点提出具体而有针对性的施工措施，并做出灵活的变化。

二、装配式工程安全施工技术

（一）钢结构工程安全施工技术

1. 钢结构构件制作

钢结构构件制作前应编制施工方案，制订保证安全的技术措施，并向操作人员进行安全教育和安全技术交底。操作各种加工机械及电动工具的人员，应经专门培训及考试合格后方准上岗，操作时应遵守各种机械及电动工具的操作规程。

构件的起吊点必须通过构件的重心位置，牢固构件翻身起吊绑扎，为了避免振动或摆动，吊升时应平稳操作，在构件就位并临时固定前，不得解开索具或拆除临时固定工具，以防脱落伤人。

钢结构制作场地的用电应有专人负责安装、维护和管理用电和用电线路。架设的低压线路不得用裸导线，电线铺设要防砸、防碰撞、防挤压，以防触电。起重机在电线下进行作业时，应保持规定的安全距离。电焊机的电源线长度不宜超过5m，并应架高。电焊线和电线要远离起重钢丝绳2m以上，电焊线在地面上与钢丝绳和钢构件相接触时，应有绝缘隔离措施。

各种用电加工机械设备，必须有良好的接地和接零。同一供电网不得有的接零、有的接地。在接地和接零时不能用缠绕的方法，同时，接地线应用专用线夹并且多股软裸铜线的界面应不小于 $25mm^2$。

在雨期或潮湿地点加工钢结构，铆工、电焊工应戴绝缘手套和穿绝缘胶鞋，以防操作时漏电伤人。

电焊机、氧气瓶、乙炔发生器等在夏季使用时，应采取措施，避免烈日曝晒，与火源应保持 10m 以上的距离，此外还应防止与机械油接触，以免发生爆炸。

现场电焊、气焊要有专人看火管理；严禁堆放易燃品在距离焊接场地周围 5m 以内；用火场所范围内必须要具备消火栓和器具、消防器材；现场用空压机罐、乙炔瓶、氧气瓶等，应在安全可靠地点存放，使用时要建立制度，按安全规程操作，并加强检查。

2. 钢结构安装

钢结构安装起重设备行走路线应坚实、平整，停放地点应平坦；严禁超负荷吊装，操作时避免斜吊，同时不得起吊质量不明的钢构件。

钢柱、梁、屋架等安装就位后应随即校正、固定，并将支撑系统安装好，使其形成稳定的空间体系。如不能很快固定，刮风天气应设风缆绳、斜撑拉（撑）固或用 8 号钢丝与已安装固定的构件连系，以防止失稳、变形、倾斜。对已就位的钢构件，必须完成临时或最后固定后，方可进行下道工序作业。

高空作业使用的撬杠和其他工具应防止坠落；高空用的梯子、吊篮、临时操作台应绑扎牢靠，跳板应铺平绑扎，严禁出现挑头板。

钢结构构件已经固定后，不得随意用撬杠撬动或移动位置，如需重新校正时，必须回钩。

安装现场用电要有专人管理，各种电线接头应装入开关箱内，用后加锁。塔式起重机或长臂杆的起重设备，应有避雷设施。

高空安装钢结构，应设操作平台，四周应设护栏，操作人员应穿戴安全器具，系安全带、戴安全帽；要随身佩戴工具袋以放置携带工具、螺栓、焊条、垫铁等随身物品；为防止发生意外伤害或者脱落伤人，在高空传递作业时，除了不能随意上下抛掷外应系有保险绳。钢檩条、水平支撑、压型板安装时下部应挂安全网，四周设安全栏杆。

3. 焊接连接

焊接设备外壳必须接地或接零；焊接电缆、焊钳及连接部分，应有良好的接触和可靠的绝缘。焊机前应设漏电保护开关。装拆焊接设备与电网连接部分时，必须切断电源。高空焊接，焊工应系安全带，随身工具及焊条均应放在专门背袋中。在同一作业面上下交叉作业处，应设安全隔离措施。焊接操作场所周围 5m 以内不得有易燃、易爆物品，并在附近配备消防器材。焊工应经过培训、考试合格，进行安全教育和安全交底后方可上岗施焊。焊工操作时必须穿戴防护用品，如工作服、手套、胶鞋，并应保持干燥和完好。焊接时必须戴内镶有滤光玻璃的防护面罩。焊接工作场所应有良好的通风、排气装置，并有良好的照明设施。

4. 高强螺栓连接

使用活动扳手的扳口尺寸应与螺母尺寸相符，不应在手柄上加套管。高空操作应使用死扳手，如使用活扳手时，要用绳子拴牢，操作人员要系安全带。扭剪型高强螺栓，扭下的梅花卡头应放在工具袋内，不得随意乱扔，防止从高空掉下伤人。使用机具应经常检查，防止漏电和受潮。严禁在雨天或潮湿条件下使用高强螺栓扳手。钢构件组装安装螺栓时，应先用钎子对准孔位，严禁用手指插入连接面或螺栓孔对正。取放钢垫板时，手指应放在钢垫板的两侧。

（二）结构安装的安全技术措施

1. 结构安装工程安全措施

起重机的行驶道路必须平整坚实，对于坑穴和松软土层要进行处理。无论在何种情况下，起重机都不准停在斜坡上，尤其是不能在斜坡上进行吊装工作。在吊装前应充分了解吊装的最大质量，一般不得超载吊装。在特殊情况下难免超载时应采取保护措施，如在起重机吊杆上拉缆风绳或在起重机尾部增加平衡重等。

结构安装工程严格禁止斜吊。斜吊是指所要吊起的重物不在起重机起重臂顶的正下方，当捆绑重物的吊索挂上吊钩后，吊钩滑轮组与地面不垂直，而与水平线成一个夹角。斜吊会造成超负荷及钢丝绳出槽，甚至造成重物地面产生快速摆动，不仅使起重机不稳定，而且还可能碰伤人或其他物体。当吊装一定质量的构件行驶时，应特别注意两个问题：一是道路一定要平整，不能有凹凸不平现象；二是负荷要有一定限制，尽量不满负荷行驶。在进行高空作业时，吊装操作人员使用安全带的操作方法一般为高挂低用。也就是人在低处进行操作，将安全带带有钩环的绳端挂于高处。因此为了安全起见，吊装人员应学会正确使用安全带。

进行安装有预留洞口的楼板或屋面板时，应及时用木板将孔洞封盖或及时设置防护栏杆、安全网等防坠落措施。电梯井口必须设置防护栏杆或固定栅门；电梯井内应每隔两层并最多每隔 10m 设置一道安全网。在进行屋架和梁等重型构件安装时，必须搭设牢固可靠的操作平台。需要在梁上行走时，应设置护栏横杆或绳索。

2. 结构安装工程质量要求

在安装工程中应对预制构件进行必要的结构性能检验。在预制构件的明显部位应标明构件型号、生产日期、生产单位和质量验收标志。同时，构件上的插筋、孔洞、预埋件的规格、数量和位置，应与图纸和设计要求相一致。对于结构性能检验不达标的预制构件严禁用于混凝土工程结构中。

在对预制构件进行运输和吊装前，制作单位应先进行自我检查，并在自查合格构件上加盖"合格"印章，然后向接收单位提交构件出厂证明书。在对预制构件进行运输和吊装时，还应对其制作的质量进行再一次的复查验收。

为保证构件在吊装中不产生断裂，吊装时对构件混凝土的强度、预应力混凝土构件孔道灌浆的水泥砂浆强度、下层结构承受内力的接头（接缝）混凝土或砂浆强度，必须进行试验且应达到设计要求。当设计无具体要求时，混凝土强度不应低于设计的混凝土立方体抗压强度标准值的 75%，预应力混凝土构件孔道灌浆的强度不应低于 15MPa，下层结构承受内力的接头（接缝）的混凝土或砂浆强度不应低于 10MPa。

保证混凝土预制构件无变形损坏现象，预制构件的质量、型号、位置和支点锚固等应符合相关的设计要求。

参考文献

[1] 陈群，蔡彬清，林平．装配式建筑概论 [M]．北京：中国建筑工业出版社，2017.

[2] 曹新颖．产业化住宅与传统住宅建设环境影响评价及比较研究 [D]．北京清华大学，2012.

[3] 高源雪．建筑产品物化阶段碳足迹评价方法与实证研究 [D]．北京清华大学，2012.

[4] 范幸义．装配式建筑 [M]．重庆：重庆大学出版社，2017.

[5] 刘美霞，武振，王洁凝，刘洪娥，王广明，彭雄．住宅产业化装配式建造方式节能效益与碳排放评价 [J]．建筑结构，2015（6）：71～75.

[6] 刘美霞，武振，王广明，刘洪娥．我国住宅产业现代化发展问题剖析与对策研究 [J]．工程建设与设计，2015（6）：9～11.

[7] 住房和城乡建设部住宅产业化促进中心．大力推广装配式建筑——技术、标准、成本与效益 [M]．北京：中国建筑工业出版社，2017.

[8] 陈康海．建筑工程施工阶段的碳排放核算研究 [D]．广州广东工业大学，2014.

[9] 尚春静，张智慧．建筑生命周期碳排放核算 [J]．工程管理学报，2010（2）：7～12.

[10] 尚春静，储成龙，张智慧．不同结构建筑生命周期的碳排放比较 [J]．建筑科学，2011（12）:66～70.

[11] 黄志甲，赵玲玲，张婷，刘钊．住宅建筑生命周期 CO_2 排放的核算方法 [J]．土木建筑与环境工程，2011.

[12] 王蕴．工业化住宅之节能减排 [J]．住宅产业，2008（12）:37～38.

[13] 张智慧，尚春静，钱坤．建筑生命周期碳排放评价 [J]．建筑经济，2010（2）:44～46.

[14] 李纲．装配式建筑施工技能速成 [M]．北京：中国电力出版社，2017.

[15] 王翔．装配式钢结构建筑现场施工细节详读 [M]．北京：化学工业出版社，2017.

[16] 济南市城乡建设委员会建筑产业化领导小组办公室．装配整

体式混凝土结构工程工人操作实务 [M]. 北京：中国建筑工业出版社，2016.

[17] 住房和城乡建设部住宅产业化促进中心. 大力推广装配式建筑——制度、政策、国内外发展 [M]. 北京：中国建筑工业出版社，2016.

[18] 王翔. 装配式混凝土结构建筑现场施工细节详解 [M]. 北京：化学工业出版社，2017.

[19] 任凭，牛凯征，庄建英，梁莞然. 浅议新型建筑工业化 [J]. 建材发展导向（下），2014（5）：23～26.

[20] 王俊，赵基达，胡宗羽. 我国建筑工业化发展现状与思考 [J]. 土木工程学报，2016（5）:2～10.

[21] 于龙飞，张家春. 装配式建筑发展研究 [J]. 低温建筑技术，2015（9）：40～43.

[22] 常春光，吴飞飞. 基于 BIM 和 RFID 技术的装配式建筑施工过程管理 [J]. 沈阳建筑大学学报，2015（4）：170～174[J].

[23] 朱维香. BIM 技术在装配式建筑中的应用研究 [J]. 山西建筑，2016（5）：227～228.

[24] 苏丹丹. 大力发展装配式钢结构建筑的思考 [J]. 河南科技，2017（8）：123～125.

[25] 郭学明. 装配式混凝土结构建筑的设计、制作与施工 [M]. 北京：机械工业出版社，2017.

[26] 陈建伟，苏幼坡. 装配式结构与建筑产业现代化 [M]. 北京：知识产权出版社，2016.

[27] 上海城建职业学院. 装配式混凝土建筑结构安装作业 [M]. 上海：同济大学出版社，2016.

[28] 中国建筑金属结构协会钢结构专家委员会. 装配式钢结构建筑技术研究及应用 [M]. 北京：中国建筑工业出版社，2017.

[29] 张莉莉，王晓初. 装配式钢结构设计与施工——新型现代建筑实例分析 [M]. 北京：清华大学出版社，2017.

[30] 崔瑶，范新海. 装配式混凝土结构 [M]. 北京：中国建筑工业出版社，2017.